FORSCHUNGSBERICHTE DES LANDES NORDRHEIN-WESTFALEN

Nr. 1969

Herausgegeben im Auftrage des Ministerpräsidenten Heinz Kühn
von Staatssekretär Professor Dr. h. c. Dr. E. h. Leo Brandt

DK 621.833 621.91.02

Prof. Dr.-Ing. Dr. h. c. D. Sc. Herwart Opitz
Dr.-Ing. Karl Ziegler
Dipl.-Ing. Bernhard Hoffmeister

Laboratorium für Werkzeugmaschinen und Betriebslehre
der Rhein.-Westf. Techn. Hochschule Aachen

Schnittkraft- und Verschleißuntersuchungen beim Walzfräsen von Stirnrädern

WESTDEUTSCHER VERLAG · KÖLN UND OPLADEN 1968

ISBN 978-3-663-06682-8   ISBN 978-3-663-07595-0 (eBook)
DOI 10.1007/978-3-663-07595-0

Verlags-Nr. 011969

© 1968 by Westdeutscher Verlag GmbH, Köln und Opladen

Gesamtherstellung: Westdeutscher Verlag

Inhalt

1. Schnittkräfte beim Wälzfräsen von Stirnrädern 5
   1.1 Einleitung 5
   1.2 Schnittkräfte bei der spanabhebenden Metallbearbeitung 5
   1.2.1 Vorschubkraft, Rückkraft 6
   1.2.2 Hauptschnittkraft 6
   1.3 Spanungsgeometrie beim Wälzfräsen 6
   1.3.1 Bestimmung der Eingriffsverhältnisse 7
   1.3.1.1 Bezeichnungen an der Paarung Fräser–Zahnrad 7
   1.3.1.2 Abstand des ersten schneidenden Zahnes von der Verzahnungsmitte .. 8
   1.3.1.3 Ersatzkreisradius r_K und Eindringtiefe H 10
   1.3.1.4 Verdrehwinkel φ', Mittenabstände y 11
   1.3.2 Ermittlung der Spanungsgeometrie 13
   1.4 Numerische Berechnung der Spanungsgeometrie in Abhängigkeit von den Verzahnungsabmessungen und den Schnittbedingungen 13
   1.4.1 Vorschub 14
   1.4.2 Modul 16
   1.4.3 Zähnezahl 17
   1.4.4 Profilverschiebung 18
   1.4.5 Fräserabmessungen 18
   1.4.5.1 Fräserradius 18
   1.4.5.2 Fräserstollenzahl 19
   1.4.6 Zustellfaktor 19
   1.4.7 Folgerungen 20
   1.5 Messung der Schnittkräfte 20
   1.6 Ermittlung einer Schnittkraftkenngröße 22
   1.7 Maximale Hauptschnittkraft P_H in Abhängigkeit von der Verzahnungsgeometrie und den Schnittbedingungen 25
   1.7.1 Schnittgeschwindigkeit 26
   1.7.2 Fräsverfahren 26
   1.7.3 Werkzeugverschleiß 27
   1.7.4 Zahnradwerkstoff 27
   1.7.5 Schnittkraftformel für P_H 27
   1.8 Mittlere Schnittkraft P_m 29
   1.8.1 Ermittlung von P_m 29
   1.8.2 Schnittkraftformel für P_m 30
   1.8.3 Vergleich der Schnittkraftformeln für P_H und P_m 30
   1.9 Folgerungen 31

2. Verschleißuntersuchungen beim Wälzfräsen 31

3. Literaturverzeichnis 33

4. Anhang 35

1. Schnittkräfte beim Wälzfräsen von Stirnrädern

1.1 Einleitung

Für die Auslegung leistungsfähiger Werkzeugmaschinen ist die Kenntnis der auftretenden Belastungen von entscheidender Bedeutung. Bei allen Zerspanverfahren sind die Schnittkräfte wichtige Kriterien, da sie sowohl Verformungen der Maschinenteile hervorrufen als auch ein Maß für die erforderliche Antriebsleistung sind. Von der durchgesetzten Leistung ist die Dimensionierung der Getriebe sowie die Auslegung des Antriebsmotors abhängig, während die Schnittkraft die erforderliche Steifigkeit derjenigen Maschinenteile bestimmt, von denen Werkzeug und Werkstück geführt werden.

Die erreichbare Bearbeitungsqualität ist von der Führungsgenauigkeit der Werkzeugmaschine abhängig. Dies gilt in besonderem Maße für Verzahnmaschinen, bei denen das geforderte Profil durch Abwälzen von Werkzeug und Werkstück erzeugt wird. Beim Abwälzfräsen wird die Wälzbewegung durch einen Getriebezug erzeugt, der Fräser und Zahnrad im vorgegebenen Übersetzungsverhältnis miteinander koppelt. Zur Führungsgenauigkeit kommt demnach als weitere Einflußgröße auf die Bearbeitungsqualität die Übertragungsgenauigkeit des Wälzgetriebezuges. Abweichungen von der exakten Wälzbewegung rufen Profilfehler an der Verzahnung hervor, die in starkem Maße das Übertragungsverhalten, die Geräuschabstrahlung und die Lebensdauer von Getrieben beeinflussen. Solche Abweichungen werden hervorgerufen durch schnittkraftbedingte Verformungen von Maschinenteilen sowie durch kinematische Ungenauigkeiten der Verzahnmaschine.

Während die kinematischen Ungenauigkeiten von Wälzfräsmaschinen bereits eingehend untersucht wurden, liegen über Schnittkräfte beim Wälzfräsen bisher nur wenige Untersuchungsergebnisse vor. Wegen der beim Wälzfräsen stets sehr aufwendigen Versuchsdurchführung und der hohen Kosten für Werkzeuge, Maschinen und Zahnräder werden dabei meist nur wenige Einflußgrößen erfaßt.

Weiterhin sind die Untersuchungen nicht immer unter praxisnahen Schnittbedingungen durchgeführt worden. Die Ergebnisse weichen demzufolge zum Teil erheblich voneinander ab.

In den vorliegenden Untersuchungen soll versucht werden, die Schnittkräfte beim Wälzfräsen allgemeingültig darzustellen. Dazu wird die infolge des Abwälzvorganges komplizierte Spanungsgeometrie an den einzelnen Fräserschneiden berechnet und experimentell eine Schnittkraftkenngröße ermittelt. Aus Spanungsgeometrie und Schnittkraftkenngröße lassen sich dann die bei unterschiedlichen Einflußgrößen auftretenden Schnittkräfte bestimmen.

1.2 Schnittkräfte bei der spanabhebenden Metallbearbeitung

Der Schnittkraftvektor am Schneidkeil des Werkzeuges wird im allgemeinen Fall in die Komponenten Hauptschnittkraft P_H in Richtung der Schnittgeschwindigkeit, Vorschubkraft P_V in Vorschubrichtung und Rückkraft P_R senkrecht zu P_H und P_V unterteilt. Es wurden Schnittkraftmesser entwickelt, die diese drei Komponenten einzeln und gleichzeitig zu messen gestatten.

1.2.1 Vorschubkraft, Rückkraft

Im allgemeinen ist die Hauptschnittkraft die dominierende Komponente; vielfach werden die anderen Komponenten als Bruchteile von P_H angegeben. Beim Wälzfräsen ist die Ermittlung von P_V und P_R mit erheblichem Aufwand verbunden; deswegen wird die Messung zunächst für die Hauptschnittkraft P_H durchgeführt.

1.2.2 Hauptschnittkraft

Für die klassischen Zerspanverfahren Hobeln, Drehen, Fräsen wurden an vielen Stellen eingehende Untersuchungen des Zerspanprozesses durchgeführt. Die dabei angefallenen Ergebnisse ermöglichen es, verschiedene Einflußgrößen zu Werkstoffkennwerten zusammenzufassen und für die Hauptschnittkraft relativ einfache Gleichungen aufzustellen. Nach KIENZLE gilt:

$$P_H = k_{s\,1\cdot 1} \cdot b \cdot h_1^{1-z} \qquad (1)$$

P_H = Hauptschnittkraft in Richtung der Schnittgeschwindigkeit
$k_{s\,1\cdot 1}$ = Schnittkraft bezogen auf einen Spanungsquerschnitt von $s = 1$ mm Vorschub und $b = 1$ mm Spanungsbreite
    (spezifische Schnittkraft = Werkstoffkenngröße)
b = Spanungsbreite
h_1 = Spanungsdicke
$1 - z$ = Anstiegswert (Werkstoffkenngröße)

Diese Beziehung gilt exakt nur für ein Zerspanen im Orthogonalschnitt mit rechteckigem Spanungsquerschnitt. Eine Änderung der Spanungsgeometrie oder des Spanungsquerschnittes muß durch Schnittkraftbeiwerte berücksichtigt werden. Voraussetzung für die Berechnung der Hauptschnittkraft ist somit die Kenntnis der Spanungsgeometrie. Beim Wälzfräsen weicht die Spanungsgeometrie so stark von den Zerspanbedingungen beim Orthogonalprozeß ab, daß eine unmittelbare Verknüpfung mit der KIENZLE-Formel nicht mehr möglich ist. Deshalb ist es erforderlich, eine zu (1) analoge Beziehung speziell für das Wälzfräsen aufzustellen.

1.3 Spanungsgeometrie beim Wälzfräsen

Die Spanungsgeometrie beim Wälzfräsen ist wegen des verwickelten Bewegungsablaufes zwischen Werkzeug und Werkstück bisher nicht in allgemeingültiger Form dargestellt worden. Sie ist jedoch nicht nur für die Bestimmung der Schnittkräfte von Interesse; vielmehr ist die genaue Kenntnis der Eingriffsverhältnisse zwischen Wälzfräser und Zahnrad wichtig, z. B. für die Einstellung und damit die wirtschaftliche Nutzung des Werkzeuges. Bei Unkenntnis der Zusammenhänge wird entweder das Werkzeug nicht voll ausgenutzt oder stellenweise überbeansprucht. Ähnliches gilt für die Auslegung von angespitzten Werkzeugen, die im Normalfall näherungsweise auf Grund von Erfahrungswerten durchgeführt wird.

Im folgenden wird die Spanungsgeometrie beim Wälzfräsen durch Zurückführen des Verzahnvorganges auf die Getriebepaarung Zahnrad-Zahnstange untersucht. Die abgeleiteten Beziehungen gestatten eine Berechnung der Spanungsgeometrie für beliebige Verzahnbedingungen. Die zahlenmäßige Berechnung ist jedoch wegen des erheblichen Rechenaufwandes nur mit Hilfe eines Digital-Rechners sinnvoll.

1.3.1 Bestimmung der Eingriffsverhältnisse

Die Ermittlung der Spanungsgeometrie wird beim Wälzfräsen dadurch erschwert, daß eine Vielzahl von Schneiden an der Zerspanung beteiligt ist, von denen jede – durch die Wälzbewegung bedingt – einen anderen Spanungsquerschnitt aufweist.

Beim Wälzfräsen durchdringen sich Werkstück und Werkzeug wie ein gerader Kreiszylinder und eine zylindrische Evolventenschnecke mit windschiefen Achsen. Aus den Schneckengängen entstehen durch Einarbeiten von Spannuten die Fräserzähne; diese erhalten durch Hinterarbeitung die für das Zerspanen erforderlichen Freiwinkel. Die nebeneinander liegenden Zähne der verschiedenen Gänge bilden den Fräserstollen, der mit guter Näherung als Geradzahnstange angesehen werden kann. Von den am Fräser vorhandenen Fräserzähnen kommt, abhängig von den Verzahnbedingungen, eine bestimmte Anzahl zum Schnitt. Zur Bestimmung der an einzelnen Fräserzähnen auftretenden Spanungsquerschnitte müssen deshalb zunächst die Eingriffsverhältnisse zwischen Fräser und Zahnrad untersucht werden.

1.3.1.1 Bezeichnungen an der Paarung Fräser–Zahnrad

Zur Unterscheidung wird im folgenden beim Zahnrad von »Zähnen«, beim Fräser von »Fräserzähnen« gesprochen.

In Abb. 1* sind Werkstück und Werkzeug im Eingriff dargestellt, wobei ein vereinfachter Wälzfräser mit nur vier Stollen gewählt wurde. Abweichend von der genormten Bezeichnungsweise wird derjenige Fräserzahn mit 0 bezeichnet, der auf der Mittellinie des Zahnrades, im folgenden »Verzahnungsmitte« genannt, steht. Das Gebiet, in dem das Zahnrad in den Fräser einläuft, wird als Einschneidezone, das Auslaufgebiet als Ausschneidezone bezeichnet. Die Zahnnumerierung wird für beide Zonen von 0 beginnend in der Art durchgeführt, daß auf einem Gang hintereinander liegende Zähne fortlaufende Nummern erhalten. Damit bekommen auf einem Stollen nebeneinander liegende Zähne Nummern, die um die Stollenzahl voneinander unterschieden sind. Zur Kennzeichnung erhalten die Zahnnummern in der Ausschneidezone ein negatives Vorzeichen.

In der Stellung nach Abb. 1 befindet sich Stollen $n+2$ mit den Zähnen 4, 0 und -4 in Schneidstellung. Das Evolventenprofil des Zahnrades wird auf den Teilstücken der Eingriffslinien ausgebildet, die durch den Kopfkreis des Zahnrades und die Kopfkante des Fräserstollens begrenzt sind. Damit ist in der gezeichneten Stellung nur Zahn 0 an der Profilausbildung beteiligt.

In der Einschneidezone dringt jeder Fräserzahn in der Reihenfolge seines Eingreifens (4, 3, 2 usw.) tiefer in das Zahnrad ein und trennt dabei vorwiegend mit dem Fräserzahnkopf Material ab; d. h., die Zahnlücke wird vorgeschruppt. Dieses Schruppen der Zahnlücke beginnt beim Schneiden ins Volle in einem größeren Abstand von der Verzahnungsmitte als die Ausbildung der Evolventen. Der in Verzahnungsmitte stehende Fräserzahn 0 dringt am tiefsten in das Zahnrad ein. Beim weiteren Durchlaufen der Schneidzone entfernt sich der Zahnfuß wieder vom Fräserzahnkopf.

Die Ausbildung des Verzahnungsprofils erfolgt demnach symmetrisch zur Verzahnungsmitte in der Ein- und Ausscheidezone, während der Zahnfuß ausschließlich in der Einschneidezone ausgebildet wird, wobei die Hauptzerspanarbeit zu leisten ist.

Auf Grund der unterschiedlichen Eindringtiefen der Fräserzähne wird der abzutrennende Spanungsquerschnitt für einen Fräserzahn des Stollens $n+1$ durch das Zahnlückenprofil, das der Zahn des Stollens n erzeugt hat, und durch den zwischen diesen beiden Stolleneingriffen erfolgten Teil der Wälzbewegung bestimmt. Die Wälzbewegung von Zahn zu Zahn ist konstant; auf Grund der veränderten Eindringtiefen ist jedoch

* (Die Abbildungen stehen im Anhang ab Seite 35).

die Profilausbildung und damit der Spanungsquerschnitt für jeden Zahn und für jede Winkelstellung unterschiedlich. Ähnliches gilt für die Länge des abzutrennenden Spanes. Nur der in Verzahnungsmitte stehende Zahn 0 schneidet über den gesamten Winkel δ_{max}, während die anderen Zähne mit wachsendem Mittenabstand immer kleinere Winkelbereiche überstreichen.

Für jede Winkelstellung δ liegt eine Paarung Zahnstange-Werkstück vor, für die die Spanungsquerschnitte ermittelt werden können. Für diese im folgenden durchzuführende Bestimmung der Spanungsquerschnitte wird vereinbart:

Es werden nur eingängige Wälzfräser und nur Geradverzahnung betrachtet.

Der Kreuzungswinkel zwischen Werkzeug und Werkstück wird mit 90° angenommen, da der Steigungswinkel des Werkzeuges zwischen 1° und 3° liegt und deshalb der Einfluß auf den Kreuzungswinkel vernachlässigt werden kann.

1.3.1.2 Abstand des ersten schneidenden Zahnes von der Verzahnungsmitte

Zur Ermittlung der Eingriffsverhältnisse muß zunächst der Bereich bestimmt werden, in dem der Fräser Material abtrennen kann. Dabei sind zwei Kriterien vorhanden:

1. Schneidbeginn an der Fräserzahnflanke und
2. Schneidbeginn am Fräserzahnkopf.

Bei Schrupparbeiten, für die die Ermittlung der auftretenden Schnittkräfte von besonderem Interesse ist, wird in der Einschneidezone in großem Abstand von der Verzahnungsmitte das Zahnlückenprofil zunächst vorgeschruppt, wobei die Fräserzahnköpfe die Hauptarbeit zu leisten haben. Diese Schrupparbeit ist mit der Ausbildung des Zahnfußprofils in Verzahnungsmitte beendet. Die Ausbildung der Evolventen erfolgt symmetrisch zur Verzahnungsmitte in der Einschneide- und Ausschneidezone durch die Flanken der Fräserzähne.

In der Regel erfolgt der Schneidbeginn am Fräserzahnkopf in größerem Abstand von der Verzahnungsmitte als an den Fräserzahnflanken, insbesondere beim Fräsen ins volle Material. Deshalb wird im folgenden stets der Schneidbeginn am Fräserzahnkopf als Kriterium für die Untersuhung der Spangeometrie gewählt.

In Abb. 2 ist die Durchdringung von Werkstück und Werkzeug vereinfacht dargestellt. Der Fräser wird als Walzenfräser angenommen, der in Vorschubrichtung die Hüllfläche des Werkstückes ausbildet. Nach einer Werkstückumdrehung ist der Fräser um den Betrag s des Axialvorschubes verschoben und zerspant im Winkelbereich von $0 \leq \delta \leq \delta_{max}$, wobei für δ_{max} gilt:

$$\delta_{max} = \arccos \frac{r_F - T}{r_F} = \arccos \left(1 - \frac{t}{A}\right) \qquad (2)$$

Darin sind

$r_F = A \cdot m =$ Fräserradius
$m \quad\quad\quad =$ Modul
$A \quad\quad\quad =$ Beiwert des Fräserradius
$T = t \cdot m \ =$ Tiefenzustellung des Fräsers
$t \quad\quad\quad =$ Zustellbeiwert

Für jeden Winkel δ ergibt sich ein äußerster Punkt des Schneidbeginns des Fräserkopfes im Abstand y, der für δ_0 den Größtwert y_0 erreicht. Die Größe des Wertes y_0 läßt sich nach Abb. 2 aus den geometrischen Beziehungen ableiten. Es gilt

$$l_0 = p - s = \sqrt{r_F^2 - (r_F - T)^2} - s$$

$s =$ Axialvorschub in mm/Werkstückumdrehung

Nach einigen Umformungen folgt:
$$l_0 = m \cdot V_0 \tag{3}$$
mit
$$V_0 = \sqrt{t(2A - t)} - \frac{s}{m}$$

Der Winkel δ_0 berechnet sich zu
$$\sin \delta_0 = \frac{l_0}{r_F} = \frac{V_0}{A} \tag{4}$$

Ferner gilt
$$B_0 = \sqrt{r_F^2 - l_0^2} = m \cdot A \cdot \cos \delta_0$$

sowie
$$F_0 = r_F + r_W - T - B_0$$

und
$$y_0 = \sqrt{r_W^2 - F_0^2} \tag{5}$$

Darin sind

$r_W = \dfrac{m}{2}(z + 2 + 2x)$ Werkstückkopfradius (5a)

z = Zähnezahl des Werkstückes
x = Profilverschiebungsfaktor

In Gl. (5a) ist der Zahnhöhenfaktor $y = 1$ nach DIN 3960. Da in der Praxis nur in Ausnahmefällen Hoch- oder Kurzverzahnung ($y \neq 1$) angewendet wird, kann der Zahnhöhenfaktor für die folgenden Berechnungen als konstant angenommen werden.

Nach Einsetzen und Umformen ergibt sich
$$y_0 = m \cdot W_0 \tag{6}$$
mit
$$W_0 = \sqrt{(z + 2 + 2x)[t - A(1 - \cos \delta_0)] - 2A(A - 1)(1 - \cos \delta_0) - t^2 + V_0^2} \tag{6a}$$

Für beliebige Winkel δ gilt eine analoge Beziehung, wobei jedoch für $\delta < \delta_0$ zu berücksichtigen ist, daß die erste Berührung nicht auf dem Radius r_w, sondern auf einem Radius $r_y = f(\delta)$ mit $r_y < r_w$ erfolgt. r_y läßt sich gemäß Abb. 3 aus den geometrischen Beziehungen bestimmen.

Es gilt
$$e = \sqrt{r_F^2 - (r_F \cdot \sin \delta + s)^2}$$

und
$$r_y = r_w + r_F - T - e$$

Nach einigen Umstellungen wird
$$r_y = r_w - m \cdot E \tag{7}$$
mit
$$E = \sqrt{A^2 \cos^2 \delta - 2A \frac{s}{m} \sin \delta - \left(\frac{s}{m}\right)^2 + t - A} \tag{8}$$

Für $\delta = \delta_0$ wird $E = 0$; für $\delta > \delta_0$ entfällt die Berechnung von E, da nun wieder r_w für die Berechnung heranzuziehen ist. Analog zu (3) gilt

$$\sin \delta = \frac{V}{A}$$

und (9)

$$y = \sqrt{r_y^2 - F^2}$$

Wird r_y nach Beziehung (7) und F analog zu F_0 gemäß Gl. (5) eingesetzt, so ergibt sich nach einigen Umrechnungen:

$$y = m \cdot W \qquad (10)$$

mit

$$W = \sqrt{(z + 2 + 2x)[t - A(1 - \cos \delta)] - 2A(A - t)(1 - \cos \delta) + V^2 - t^2 + 2E[t - A(1 - \cos \delta)]}$$
(10a)

Mit den Beziehungen (6) und (10) läßt sich für jeden Schneidwinkel δ der Schneidbeginn des Fräserzahnkopfes als Abstand von der Verzahnungsmitte berechnen.

1.3.1.3 Ersatzkreisradius r_K und Eindringtiefe H

Für die Ermittlung der Spanungsquerschnitte über den gesamten Winkelbereich δ muß beachtet werden, daß die Lage der Schneidebene, d. h. der Ebene, die auf der momentanen Bewegungsrichtung des schneidenden Fräserstollens senkrecht steht, um den Winkel δ zur Normalen auf die Werkstückachse geneigt ist (Abb. 4). Das bedeutet, daß diese Ebene, in der die Zerspanung stattfindet, aus dem Radkörper für $\delta = 0°$ einen Kreis, für $\delta > 0°$ dagegen Ellipsen ausschneidet. Es findet demnach eine Durchdringung Zahnstange–Ellipse statt. Für die praktische Berechnung soll diese Ellipse durch einen Kreis mit dem kleinsten Scheitelkrümmungsradius der Ellipse angenähert werden. Aus der Darstellung in Abb. 4 läßt sich ableiten, daß

$$r_K = r \cdot \cos \delta = r \sqrt{1 - \frac{V^2}{A^2}} \qquad (11)$$

ist. Dabei ist r der Radius des Kreises, den die unter δ geneigte Schnittebene schneidet. Für $\delta < \delta_0$ ist $r = f(\delta)$ und es gelten die Beziehungen nach Abb. 5

$$g = r_F - Q; \quad d = Q \cdot \text{tg } \delta; \quad d = \sqrt{r_F^2 - Q^2} - s$$

Durch Einsetzen und Umformen wird

$$g = m \cdot \left(A - \cos \delta \sqrt{A^2 - \left(\frac{s}{m}\right)^2 \cos^2 \delta} + \frac{1}{2} \frac{s}{m} \sin 2\delta \right) \qquad (12)$$

Damit ergeben sich für r folgende Beziehungen

$$r = r_w - T + g \quad \text{für} \quad \delta < \delta_0 \qquad (13)$$

$$r = r_w \quad \text{für} \quad \delta \geqq \delta_0 \qquad (13a)$$

Aus den Werten y und r_K läßt sich die größte Eindringtiefe H der Zahnstange in das Werkstück ermitteln. Nach Abb. 6 gilt:

$$H = r_K - \sqrt{r_K^2 - y^2} \qquad (14)$$

1.3.1.4 Verdrehwinkel φ', Mittenabstände y

Mit den in Abhängigkeit von δ ermittelten Werten r_K, y und H läßt sich für den gegebenen Winkel δ die Spanungsgeometrie ermitteln. In Abb. 7 ist das Eindringen eines Zahnstollens (Schneidkamm) in das Zahnrad dargestellt.

Zur einfacheren Darstellung wurden nur ein Fräserzahn und nur eine Zahnlücke gezeichnet. Der Zahnstollen dringt um den Betrag H in das Werkstück mit dem Kopfradius r_K ein. Dabei trifft er auf das Zahnlückenprofil, das der voraufgegangene Fräserzahn (gestrichelt eingezeichnet) ausgebildet hat und das durch die Wälzbewegung zum schneidenden Fräserzahn hin verdreht wurde. Der schneidende Fräserzahn hat die schraffierte Spanungsfläche abzutrennen. Die nacheinander eingreifenden Fräserzähne sind um den Betrag der Fräseraxialteilung

$$\varepsilon_s = \frac{t_a \cdot g}{i'} = \frac{m \cdot g \cdot \pi}{i \cdot \cos \gamma_0} \cdot \frac{\cos \gamma_0 - \sin^2 \gamma_0}{\cos \gamma_0}$$

für spiralgenutete Fräser bzw.

$$\varepsilon_a = \frac{t_a \cdot g}{i} = \frac{m \cdot g \cdot \pi}{i \cdot \cos \gamma_0}$$

für axialgenutete Fräser gegeneinander versetzt.

Darin sind

g = Gangzahl des Fräsers
i = Stollenzahl des Fräsers
γ_0 = Steigungswinkel des Fräsers am Teilzylinder

Für eingängige Fräser mit $g = 1$ wird $\cos \gamma_0 \approx 1$ und $\sin \gamma_0 \approx 0$, so daß vereinfacht gesetzt werden kann:

$$\varepsilon = \frac{m \cdot \pi}{i} \tag{15}$$

ε = Versetzung der in einem Frässergang aufeinander folgenden Fräserzähne. Entsprechend dieser Schneidzahnversetzung wird das Zahnrad um den Winkel φ bei $\delta = 0°$ bzw. φ' bei $\delta > 0°$ verdreht.

Für
$$\delta = 0°$$
ist
$$\varphi = \frac{2\pi}{z \cdot i}$$

Für den Ersatzkreisradius r_K bei $\delta > 0°$ ergibt sich wegen $m =$ konstant eine Ersatzzähnezahl z'. Damit ist der Verdrehwinkel für $\delta > 0°$

$$\varphi' = \frac{2\pi}{z' \cdot i} \tag{16}$$

Zur Ermittlung der Ersatzzähnezahl z' wird gesetzt

Kopfkreisradius des Zahnrades $\quad r_w = \dfrac{m}{2}(z + 2 + 2x)$

Ersatzkreisradius $\quad r_K = \dfrac{m}{2}(z' + 2 + 2x)$

Daraus folgt

$$z' = \frac{r_K}{r_w}(z + 2 + 2x) - (2 + 2x) = \frac{r_K}{r_w} \cdot z + (2 + 2x)\left(\frac{r_K}{r_w} - 1\right)$$

Da $1 \geq \frac{r_K}{r_w} \geq 0{,}85$, ist der Summand $(2 + 2x) \cdot \left(\frac{r_K}{r_w} - 1\right)$ sehr klein gegenüber $\frac{r_K}{r_w} \cdot z$, so daß geschrieben werden kann:

$$z' \approx \frac{r_K}{r_w} \cdot z$$

Der bei dieser Näherungslösung gemachte Fehler ist abhängig vom Verhältnis $\frac{r_K}{r_w}$, von der Zähnezahl z und der Profilverschiebung x. Für die extremen Werte $z = 17$, $x = +2, \frac{r_K}{r_w} = 0{,}866$ bei $\delta = 30°$ beträgt der Fehler weniger als 5%; bei höheren Zähnezahlen und geringeren Profilverschiebungen ist er bedeutend kleiner und kann damit vernachlässigt werden. Wird z in die Formel (16) eingesetzt, so ergibt sich

$$\varphi' = \frac{2\pi}{z \cdot i} \cdot \frac{r_w}{r_K} \tag{17}$$

Wegen Formel (11), wobei $r = r_w$ (13a) gilt, kann geschrieben werden

$$\varphi' = \frac{2\pi}{z \cdot i} \cdot \frac{1}{\sqrt{1 - \frac{V^2}{A^2}}} = \frac{2\pi}{z \cdot i} \cdot \frac{1}{\cos \delta} \tag{18}$$

Somit ist der Verschiebung ε der Fräserzähne der Verdrehwinkel φ' des Zahnrades zugeordnet.

Für die Ermittlung der Spanungsgeometrie soll weiterhin folgendes vereinbar werden:

Die erste Berührung der Zahnstange mit dem Zahnrad erfolgt im Abstand y_0. Dann werden die Abstände der Schneidkanten von der Verzahnungsmitte zu

$$y_n = y_0 - n \cdot \frac{m \cdot \pi}{i} \tag{19}$$

mit

$$n = 0, 1, 2, 3 \ldots$$

berechnet.

Aus Abb. 7 folgt

$$y_i = y_n - \frac{m \cdot \pi}{i} \tag{19a}$$

$$y_a = y_n + b_K - \frac{m \cdot \pi}{i} \tag{19b}$$

Darin ist b_K die Breite des Fräserzahnkopfes (Abb. 8), die wie folgt berechnet wird:

$$b_K = m \cdot \frac{\pi}{2} - 2 h_{Kw} \cdot \text{tg } \alpha \tag{20}$$

h_{Kw} = Fräserzahnkopfhöhe
α = Fräsereingriffswinkel

1.3.2 Ermittlung der Spanungsgeometrie

Für die Ermittlung der Spanungsgeometrie soll die in der Einschneidezone der Verzahnungsmitte abgewandte Flanke als äußere Fräserzahnflanke bezeichnet werden (Abb. 7). Der in der Einschneidezone abzutrennende Span ist in Abb. 9 vergrößert dargestellt und hat etwa Hufeisenform. Diese Spanungsfläche läßt sich zerlegen in ein Trapez an der äußeren Fräserzahnflanke mit dem Querschnitt Q_{Fa} und den Bestimmungsstücken Flankenspanungsdicke oben h_{Fo}, Flankenspanungsdicke unten h_{Fu} und Flankenspanungslänge außen l_{Fa}, ein Trapez am Zahnkopf mit dem Querschnitt Q_K und den Bestimmungsstücken Kopfspanungsdicke außen h_{Ka}, Kopfspanungsdicke innen h_{Ki} und Kopfspanungslänge l_K sowie ein Dreieck an der inneren Fräserzahnflanke mit dem Querschnitt Q_{Fi} und den Bestimmungsstücken Flankenspanungsdicke innen h_{Fi} und Flankenspanungslänge innen l_{Fi}. Zur Ermittlung des gesamten Spanungsquerschnittes sind demnach 8 Bestimmungsstücke erforderlich. Die Zerlegung in die genannten Flächen bedeutet an den Eckpunkten eine gewisse Überschneidung, die bei der Querschnittsberechnung zu einem höheren Wert (maximal $+5\%$) führt als es dem tatsächlichen Querschnitt entspricht.

Für die Bestimmungsstücke des Spanungsquerschnittes lassen sich mit den in Abschnitt 1.3.1 ermittelten Abhängigkeiten (Abb. 7) Beziehungen ableiten. Damit wird es möglich, für das Wälzfräsen von Geradstirnrädern mit eingängigen Wälzfräsern die Eingriffsverhältnisse zwischen Fräser und Zahnrad sowie die Spanungsquerschnitte für jeden an der Zerspanung beteiligten Fräserzahn zu ermitteln. Dabei werden alle Größen erfaßt, die die Zahnradgeometrie, die Frässergeometrie und die Eingriffsverhältnisse zwischen Fräser und Zahnrad beeinflussen:

Aus den aufgeführten Einflußgrößen sowie den zum Teil recht umfangreichen Gleichungen geht hervor, daß die numerische Rechnung einen erheblichen Aufwand erfordert und sinnvoll nur mit Hilfe eines Digitalrechners durchgeführt werden kann. Wahrscheinlich ist es darauf zurückzuführen, daß bisher solche Berechnungen nicht vorlagen.

1.4 Numerische Berechnung der Spanungsgeometrie in Abhängigkeit von den Verzahnungsabmessungen und den Schnittbedingungen

Die zahlenmäßige Berechnung der Spanungsgeometrie mit Hilfe der aufgestellten Beziehungen ist für Evolventenverzahnung beliebiger Eingriffswinkel und beliebigen Bezugsprofils möglich. Die nachfolgende numerische Berechnung wird für die am häufigsten angewendete 20°-Verzahnung nach DIN 867 durchgeführt. In Anlehnung an die für die Messungen zur Verfügung stehenden Wälzfräser wird mit Bezugsprofil I nach DIN 3972 gerechnet. Damit erhalten einige der in den Gleichungen aufgeführten Größen feste Zahlenwerte, und zwar

$\alpha = 20°$
$h_{KW} = 1{,}17 \cdot m$
$b_K = 0{,}721 \cdot m$ nach Gl. (20)

Der Fräserradius ist in DIN 8002 abhängig vom Modul angegeben, und zwar nach der Beziehung

$$A = \frac{22}{\sqrt{m}}$$

In der Praxis wird allerdings häufig von den genormten Fräserdurchmessern abgewichen, so daß auch in den folgenden Berechnungen A vom Modul unabhängig variiert wird.

Die Berechnung der Spanungsgeometrie erfolgte auf der Großrechenanlage CD 6400 der TH Aachen. Dazu wurden die in Abschnitt 1.3 ermittelten Beziehungen in der Formelsprache Fortran programmiert. Die Ergebnisse werden im folgenden in Abhängigkeit von den einzelnen Einflußgrößen diskutiert.

1.4.1 *Vorschub*

Der Vorschub ist eines der wichtigsten Kriterien bei der Ermittlung von Schnittkräften, da er in der Regel direkt den Spanungsquerschnitt und damit die Schnittkraft beeinflußt. Er wird beim Wälzfräsen in mm/Werkstückumdrehung angegeben, für die folgenden Untersuchungen jedoch auf den Modul bezogen und als bezogener Vorschub $\frac{s}{m}$ angegeben, wie er auch schon in den Gl. (3), (8) und (12) verwendet wurde. Der Wert $\frac{s}{m}$ wird im folgenden stets als Vorschub bezeichnet.

In Abb. 10 sind die Kopfspanungsdicken für verschiedene Vorschübe über den Fräserzähnen aufgetragen.

Dabei werden, ausgehend von der Verzahnungsmitte, die Fräsergänge abgewickelt dargestellt. Fräserzähne, die beim Verzahnen nacheinander in Eingriff kommen, sind somit nebeneinander aufgetragen. Der erste schneidende Fräserzahn ist der am weitesten von der Verzahnungsmitte entfernte in der Einschneidezone, z. B. Fräserzahn 18 bei $\frac{s}{m} = 1{,}5$.

Der letzte schneidende Zahn ist der am nächsten an der Verzahnungsmitte liegende in der Einschneidezone (Fräserzahn 1 bei h_{Ki}) bzw. der am weitesten von der Verzahnungsmitte entfernte Fräserzahn in der Ausschneidezone (Fräserzahn — 1 bei h_{Ka}).

In Abb. 10 ist zu erkennen, daß die Spanungsdicke am Fräserzahnkopf nicht direkt vom Vorschub abhängt, sondern linear mit dem Abstand von der Verzahnungsmitte ansteigt. Durch eine Vorschubvergrößerung wird jedoch der Einschneidebereich vergrößert, d. h., es kommen mehr Fräserzähne in größerem Abstand von der Verzahnungsmitte zum Eingriff. Diese Fräserzähne haben eine entsprechend größere Spanungsdicke abzutrennen. Das bedeutet bei den vorgegebenen Zerspanungsbedingungen, daß die Fräserzähne 1 bis 10 bei allen Vorschüben stets die gleiche Spanungsdicke aufweisen, während z. B. Fräserzahn 17 nur bei $\frac{s}{m} = 1{,}5$ in Eingriff kommt, dann jedoch auf Grund des maximalen Abstandes zur Verzahnungsmitte die größte Spanungsdicke abzutrennen hat. Der Vorschub verändert demnach im Gegensatz zu anderen spanabhebenden Verfahren nicht die an einzelnen Schneiden auftretenden Spanungsdicken, sondern variiert lediglich die Anzahl der an der Zerspanung beteiligten Fräserzähne, deren Spanungsdicken von ihrer Stellung zur Verzahnungsmitte abhängig sind.

Die Spanungslänge am Kopf des Fräserzahnes ist in der Regel mit $l_K = b_K =$ konstant; nur beim Einschneiden sowie beim Erreichen der Verzahnungsmitte ist $l_K < b_K$. Die Kopfspanungslänge l_K wird deshalb nicht gesondert dargestellt.

Der Spanungsquerschnitt am Fräserzahnkopf wird aus den Spanungsdicken und der Spanungslänge ermittelt und ist in Abb. 11 über den abgewickelten Fräserzähnen dargestellt. Analog zu den Spanungsdicken zeigt sich auch hierbei eine direkte Abhängigkeit von der Stellung des Fräserzahnes zur Verzahnungsmitte in der Art, daß der Kopfspanungsquerschnitt direkt proportional dem Abstand y_a bzw. y_i (schneidender Fräserzahn–Verzahnungsmitte) ist. Die unterschiedlichen Vorschübe bewirken wiederum nur eine Vergrößerung des schneidenden Bereiches und bringen damit Fräserzähne mit sehr großem abzutrennenden Spanungsquerschnitt zum Eingriff. Das steile Anwachsen der Querschnitte beim Schneidbeginn erstreckt sich über den Bereich, in dem der Kopf der Fräserzähne noch nicht in seiner vollen Breite im Zahnrad schneidet und $l_K < b_K$ ist.

Die in Abb. 11 eingetragenen $\frac{s}{m}$-Linien begrenzen somit den Einschneidebereich und die Anzahl der schneidenden Fräserzähne.

Aus der Darstellung der Kopfspanungsquerschnitte in Abb. 11 kann für jeden an der Zerspanung beteiligten Fräserzahn der entsprechende Querschnitt entnommen werden. Danach wird der erste voll im Werkstück schneidende Zahn die maximale Belastung aufzunehmen haben (z. B. Fräserzahn 16 bei $\frac{s}{m} = 1,5$, Fräserzahn 9 bei $\frac{s}{m} = 0,5$).

In Abb. 12 sind die Spanungsdicken an der äußeren Fräserzahnflanke in Abhängigkeit vom Vorschub für die abgewickelten Fräserzähne über dem Abstand von der Verzahnungsmitte aufgetragen. Die Flankenspanungsdicken b_{Fu} und b_{Fo} werden ebenfalls im wesentlichen durch ihre Lage zur Verzahnungsmitte bestimmt, allerdings beeinflußt hierbei der Vorschub neben dem Schneidbereich auch die absolute Größe. Während die Spanungsdicke am Fräserzahnkopf linear zur Verzahnungsmitte abfällt, zeigt die Spanungsdicke am Werkstückzahnkopf infolge der unterschiedlichen Flankenspanungslängen (dargestellt in Abb. 13) einen progressiven Abfall. Am Beginn des Eingriffes ist die Flankenspanungslänge $l_{Fa} = 0$, d. h. b_{Fu} und b_{Fo} fallen zusammen, und deshalb ist hier $b_{Fu} = b_{Fo}$; die Spanungslänge der äußeren Fräserzahnflanke l_{Fa} ist in Abb. 13 dargestellt. Hierbei zeigt sich eine starke Abhängigkeit vom Vorschub in der Einschneidezone, während in der Ausschneidezone im Gebiet der Evolventenausbildung die Spanungslänge rein geometrisch bestimmt wird. Das Maximum von l_{Fa} liegt in der Nähe der Verzahnungsmitte, da an dieser Stelle die Fräserzähne am tiefsten in das Werkstück eindringen.

Die aus den Spanungsdicken und -längen ermittelten Spanungsquerschnitte Q_{Fa} der äußeren Fräserzahnflanke sind in Abb. 14 zusammengestellt. Es ist zu erkennen, daß sowohl die Größe als auch die Lage des maximalen Querschnittes vom Vorschub beeinflußt wird.

Bei vergrößertem Vorschub verschiebt sich der maximale Querschnitt von der Verzahnungsmitte weg, der Abstand des ersten schneidenden Fräserzahnes zum Fräserzahn mit dem maximalen Querschnitt bleibt nahezu konstant. Die größte an der äußeren Flanke auftretende Belastung ist demnach an anderer Stelle zu erwarten als die maximale

Kopfbeanspruchung; bei den in Abb. 14 vorliegenden Zerspanungsbedingungen wird die maximale Belastung etwa beim 6. schneidenden Fräserzahn auftreten, während die maximale Kopfbelastung bereits beim 2. schneidenden Fräserzahn auftritt.

Die Spanungsdicken an den inneren Fräserzahnflanken sind in Abb. 15 über den abgewickelten Fräserzähnen dargestellt.

Der vergrößerte Vorschub bringt hier ebenfalls neben der Erweiterung des Schneidbereiches eine Vergrößerung der Absolutwerte.

Die Spanungslänge an den inneren Fräserzahnflanken (Abb. 16) steigt vom Einschneidebeginn zunächst analog zur Vergrößerung der Eindringtiefe der Fräserzähne in das Werkstück an.

Sobald jedoch die Eingriffslinie erreicht ist, fällt l_{Fi} linear mit dem Abstand zur Verzahnungsmitte ab, da nur noch auf dem Flankenteilstück zwischen Eingriffslinie und Fräserzahnkopf geschnitten wird. Der unterschiedlich große Schneidbereich, der durch h_{Fi} bzw. l_{Fi} angezeigt wird, ist auf die durchgeführten Vereinfachungen zurückzuführen. Bei der geringen Spanungsdicke in der Nähe der Verzahnungsmitte hat diese Abweichung jedoch auf die Ermittlung der Schnittkräfte keinen Einfluß mehr.

Die aus h_{Fi} und l_{Fi} ermittelten Spanungsquerschnitte für die innere Fräserzahnflanke sind in Abb. 17 zusammengestellt. Hierbei tritt das Maximum kurz vor dem Erreichen des Steilabfalls auf der Eingriffslinie auf und ist damit neben dem Vorschub auch von der Verzahnungsgeometrie abhängig.

Bei einem Vergleich der Spanungsdicken (Abb. 10) und der Spanungsquerschnitte (Abb. 11) am Kopf mit den entsprechenden Werten an den Flanken ist zu erkennen, daß die Kopfspanungsdicken etwa um den Faktor 3 größer sind als die Flankenspanungsdicken, während dieses Verhältnis bei den Querschnitten noch größer ist. Daraus kann geschlossen werden, daß die auftretende Schnittkraft in erster Linie durch die Kopfspanungsdicke bestimmt wird. Diese Annahme wird auch dadurch bestätigt, daß am Kopf der Fräserzähne der größte Verschleiß auftritt. Eine Vergrößerung des Vorschubes läßt auf Grund der Spanungsdicken- und Querschnittsabhängigkeit eine erhebliche Zunahme der auftretenden Schnittkräfte erwarten.

1.4.2 Modul

Bei der Untersuchung des Vorschubes wurden sämtliche Bestimmungsstücke diskutiert. Dabei zeigte es sich, daß die Spanungsquerschnitte am Fräserzahnkopf wesentlich größer waren als die an den Flanken. Bei den folgenden Untersuchungen werden deshalb lediglich diejenigen Bestimmungsstücke diskutiert, die die Spanungsabmessungen am stärksten beeinflussen.

Eine Veränderung des Moduls bedeutet bei konstanten sonstigen Verzahnbedingungen lediglich eine geometrische Veränderung des Getriebepaares Zahnrad–Zahnstange (Fräser). Das bedeutet, daß die Spanungsdicken und -längen linear und die Spanungsquerschnitte quadratisch mit dem Modul anwachsen. Dies wird durch die Darstellung in Abb. 18 bestätigt, in der die Kopfspanungsdicken für verschiedene Moduln bei konstanten Verzahnbedingungen über den abgewickelten Fräserzähnen aufgetragen sind. Es ist zu erkennen, daß die Spanungsdicken direkt modulabhängig sind.

Da auch die Spanungslängen (z. B. $l_K = b_K$) modulabhängig sind, wächst der Spanungsquerschnitt quadratisch. Damit ist bei einer Modulvergrößerung ein starkes Anwachsen der Schnittkräfte zu erwarten, das jedoch nicht in gleichem Maße wie die Querschnittsveränderung auftreten wird, da die Schnittkräfte neben der Absolutgröße des Spanungsquerschnittes auch von den Spanungsdicken infolge ihres Einflusses auf spezifische Schnittkraftwerte beeinflußt werden.

In Abb. 18 sind die Abhängigkeiten für den Modulbereich $m = 1$ mm bis $m = 6$ mm dargestellt. Während die in Abschnitt 1.3 ermittelten Beziehungen für Moduln beliebiger Größe gelten, sollen die Untersuchungen in der vorliegenden Arbeit auf den Modulbereich von $m = 1$ mm bis $m = 10$ mm beschränkt bleiben. Unterhalb $m = 1$ mm beginnt das Gebiet der Feinwerktechnik, oberhalb $m = 10$ mm wird in der Regel nicht mehr mit dem für die Untersuchungen zugrunde gelegten Fräsern ins Volle gearbeitet. Vielmehr werden hierbei vielfach, insbesondere bei großen Zähnezahlen und großen Radbreiten, spezielle Schruppwerkzeuge eingesetzt, deren Geometrie von der der genormten Wälzfräser abweicht, die für die Ableitungen in Abschnitt 1.3 zugrunde gelegt wurde.

1.3.3 Zähnezahl

Neben dem Modul ist die Zähnezahl z maßgebend für die Abmessungen eines Zahnrades. Darüber hinaus ist z die am stärksten veränderliche Einflußgröße. In der vorliegenden Arbeit soll als kleinste Zähnezahl $z = 15$, die praktische Unterschnittgrenze, untersucht werden. Bei $z = \infty$ geht das Zahnrad in eine Zahnstange über, die jedoch mit normalen Wälzfräsern nicht herstellbar ist. Innenverzahnung ist ebenfalls nicht wälzfräsbar.

Die Werkstückzähnezahl beeinflußt die Größe der Einschneidezone, wie aus Formel (6a) hervorgeht. Mit wachsender Zähnezahl wächst der Wert y_0 und damit die Zahl der an der Zerspanung beteiligten Zähne. In Abb. 19 sind die Kopfspanungsdicken für verschiedene Werkstückzähnezahlen z dargestellt. Je größer z, desto größer ist die Einschneidezone und um so kleiner wird die auf die einzelnen Fräserzähne entfallende Spanungsdicke, weil die Zahnlücke im Werkstück von einer größeren Anzahl Schneiden zerspant wird.

Die Spanungsdicke an einem bestimmten Fräserzahn ist abhängig von seinem Abstand zur Verzahnungsmitte und von der Werkstückzähnezahl z. Die Erweiterung der Einschneidezone bewirkt, daß mehr Fräsergänge an der Zerspanung beteiligt sind. Während z. B. für $z = 15$ nur ein Fräsergang im Eingriff ist, sind für $z = 500$ nahezu 6 Fräsergänge erforderlich.

Bei den Flankenspanungsdicken (Abb. 20) zeigt sich eine ähnliche Tendenz wie bei den Kopfspanungsdicken. Mit größer werdendem z nimmt die Spanungsdicke ab, während die Zahl der an der Zerspanung beteiligten Fräserzähne wächst. Die Spanungsdicke h_{Fo} am Fräserzahnkopf ist proportional dem Abstand Fräserzahn–Verzahnungsmitte. h_{Fu} am Werkstückkopf wird durch die unterschiedliche Eindringlänge der Fräserzahnflanke l_{Fa} beeinflußt.

Dieser Einfluß ist bei kleinen Zähnezahlen so stark, daß die größte Spanungsdicke h_{Fu} nicht am ersten schneidenden Fräserzahn, sondern in der Nähe der Verzahnungsmitte auftritt.

Die dargestellten Abhängigkeiten bedeuten im Hinblick auf die zu erwartenden Schnittkräfte, daß die einzelnen Fräserzähne bei größerem z geringer belastet werden, während die Stollenbelastung als Summe der einzelnen Fräserzahnbelastungen nicht ohne weiteres abgeschätzt werden kann.

Die Spanaufteilung auf eine größere Zahl von Fräserzähnen bedeutet eine Vergrößerung des Werkzeuges bei verringerter Ausnutzung. Deshalb wird versucht, für diese Verzahnungsarbeiten verkürzte, angespitzte Wälzfräser einzusetzen, bei denen die Fräserzähne in der Einschneidezone veränderte Kopfhöhen haben. Dabei soll durch den Verlauf der Kopfkürzung erreicht werden, daß alle in der Schruppzone liegenden Fräserzähne gleichen Spanungsquerschnitt aufweisen. Die exakte Berechnung des bisher nur näherungsweise bestimmten Verlaufes kann durch Einfügen einer Beziehung für die Kopfhöhe in die unter 1.3 abgeleiteten Formeln ermöglicht werden.

1.4.4 Profilverschiebung

Durch Profilverschiebungen können im Getriebebau z. B. bei vorgegebenen Zähnezahlen Achsabstandsänderungen durchgeführt sowie Zahnräder im Hinblick auf die übertragbare Leistung bzw. das Gleitverhalten günstiger ausgelegt werden.

Eine Profilverschiebung x am Werkstück bedeutet eine Verschiebung des Kopfkreises gegenüber dem Teilkreis und damit eine Verschiebung des Werkzeuges gegenüber dem Zahnrad. Da die Erzeugungseingriffslinie durch das Werkzeug bestimmt wird und damit konstant bleibt, wird durch diese Verschiebung das Profil in anderen Bereichen der Ein- bzw. Ausschneidezone ausgebildet als bei $x = 0$. Dadurch werden bei Profilverschiebung in erster Linie die Flankenspanungsdicken beeinflußt, während die Kopfspanungsdicken praktisch unverändert bleiben.

In den Abb. 21 und 22 sind die Flankenspanungsdicken für verschiedene x über den abgewickelten Fräserzähnen aufgetragen. Dabei ist zu erkennen, daß das Zerspanen praktisch an der gleichen Stelle beginnt, daß jedoch die Spanungsdicken innen und außen im umgekehrten Verhältnis durch die Profilverschiebung beeinflußt werden. Ebenso ist die Anzahl der an der Zerspanung beteiligten Fräserzahnflanken stark von x abhängig.

Im Hinblick auf die kräftemäßige Beanspruchung des Fräsers dürfte jedoch die Profilverschiebung nicht von großer Bedeutung sein, da der maßgebliche Kopfspanungsquerschnitt nahezu unverändert bleibt und die Änderung der Flankenspanungsquerschnitte mit x gegenläufig ist.

Bei den in den Abb. 21 und 22 gezeigten extremen Verschiebungswerten ($x = +2$ bzw. $x = -2$) tritt der in Abschnitt 1.3.1.2 beschriebene Fall ein, daß die Evolventenausbildung bei $\delta = 0°$ in einem größeren Abstand von der Verzahnungsmitte beginnt als das Schruppen des Zahngrundes im Abstand y_0. Dadurch entsteht bei diesen extremen Werten für den hier wiedergegebenen Zerspanfall bei $\delta = \delta_0$ der Eindruck, als ob überhaupt keine Evolvente ausgebildet wurde. Für die kräftemäßige Beanspruchung der Fräserzähne ist dieser Umstand praktisch ohne Bedeutung.

1.4.5 Fräserabmessungen

Nachdem mit Modul, Zähnezahl und Profilverschiebung die Zahnradgeometrie untersucht wurde, soll im folgenden der Einfluß der Fräserabmessungen auf die Spanungsquerschnitte dargestellt werden. Die Fräserabmessungen Radius $A \cdot m$ und Stollenzahl i sind zwar in DIN 8002 in Abhängigkeit vom Modul genormt, jedoch wird häufig von diesen Werten abgewichen. Grundsätzlich sind A und i unabhängig voneinander; in der Praxis werden sie jedoch meist aufeinander abgestimmt, d. h. bei einer Vergrößerung der Fräserstollenzahl wird auch der Fräserradius vergrößert.

1.4.5.1 Fräserradius

In Abb. 23 sind die Kopfspanungsdicken in Abhängigkeit vom Fräserradiusbeiwert A bei konstanten Verzahnungsbedingungen dargestellt. Es ist zu erkennen, daß durch eine Vergrößerung von A die Einschneidezone verkürzt wird. Diese Veränderung der Einschneidezone wird durch die Abhängigkeit der Schneidwinkel δ von A gemäß den Gl. (2) und (4) hervorgerufen.

Für die in Abb. 23 vorliegenden Bedingungen ergeben sich folgende Werte:

A	δ_0	δ_{max}
8	32,5°	41,5°
25	20,5°	23°

Bei größerem A liegt der erste schneidende Fräserzahn näher an der Verzahnungsmitte und weist einen kleineren Spanungsquerschnitt auf als der erste schneidende Fräserzahn bei kleinerem A. Zusätzlich zur Verkleinerung der Einschneidezone tritt eine geringfügige Verringerung der Absolutwerte der Kopfspanungsdicken auf, so daß durch eine Vergrößerung von A eine beachtliche Verminderung des Kopfspanungsquerschnittes erreicht wird. Das bedeutet im Hinblick auf die zu erwartenden Schnittkräfte, daß eine Durchmesservergrößerung beim Fräser ein Absinken der Schnittkräfte zur Folge hat.

1.4.5.2 Fräserstollenzahl

Die Strecke y_0 (Abstand des ersten schneidenden Zahnes von der Verzahnungsmitte) ist nach Gl. (6) von der Stollenzahl i unabhängig. Dagegen ändert sich die Anzahl der innerhalb dieser Strecke an der Zerspanung beteiligten Fräserzähne proportional mit i. Dies ist in Abb. 24 deutlich zu erkennen, in dem die Kopfspanungsdicken bei konstanten Verzahnbedingungen in Abhängigkeit von i über den abgewickelten Fräserzähnen aufgetragen sind.

Mit wachsendem i steigt die Zahl der aktiven Fräserzähne an, doch bleibt das Verhältnis Anzahl der schneidenden Zähne zur Stollenzahl konstant und entspricht etwa 1,6 Fräsergängen. Die Spanungsdicke und damit der Spanungsquerschnitt an den einzelnen Schneiden ändern sich erheblich, so daß bei Vergrößerung der Stollenzahl wesentlich kleinere Schnittkräfte pro Zahn und damit auch pro Stollen zu erwarten sind.

Wird eine Änderung der Fräserstollenzahl mit einer Durchmesseränderung verbunden, so ist auf Grund der geänderten Eingriffsverhältnisse und der anderen Zahl der an der Zerspanung beteiligten Fräserzähne mit einer beachtlichen Änderung der Fräserbelastung zu rechnen.

1.4.6 Zustellfaktor

Außer von den Abmessungen von Zahnrad und Fräser werden die Spanungsquerschnitte durch die Schnittbedingungen beeinflußt. Der Vorschub als wichtigste Einflußgröße wurde bereits in 1.4.1 beschrieben. Die zweite Schnittbedingung ist der Zustellfaktor t, ein Maß für die größte Eindringtiefe des Werkzeuges in das Werkstück. Durch die Trapezform der Fräserzähne steigt bei einer Vergrößerung von t das zu zerspanende Volumen stärker an als der Zustellfaktor. Wegen der größeren Eindringtiefe erweitert sich ebenfalls die Einschneidezone, wie aus Abb. 25 ersichtlich ist.

Für die im Bild angegebenen Zahnraddaten und Schnittbedingungen sind für verschiedene Zustellfaktoren t die Kopfspanungsdicken h_{Ki} und h_{Ka} über den abgewickelten Fräserzähnen aufgetragen. Es ergibt sich eine analoge Charakteristik wie bei der Veränderung des Vorschubes (Abschnitt 1.4.1, Abb. 10), d. h. die Spanungsdicken werden ausschließlich vom Abstand zur Verzahnungsmitte bestimmt, obwohl durch die Zustellung t der Winkel δ_0, bei dem die maximalen Spanungsquerschnitte auftreten, beeinflußt wird. Die Erweiterung der Einschneidezone bei vergrößertem t bringt neue Fräserzähne zum Eingriff, die auf Grund ihres Abstandes zur Verzahnungsmitte den größten

Spanungsquerschnitt abzutrennen haben. Eine Vergrößerung des Zustellfaktors hat demnach ähnlich wie eine Vorschubvergrößerung eine starke Schnittkraftsteigerung zur Folge.

1.4.7 Folgerungen

Aus den ermittelten Abhängigkeiten ist zu erkennen, daß Modul, Vorschub und Zustellfaktor den größten Einfluß auf die Spanungsquerschnitte haben.
Der Modul bestimmt das zu zerspanende Volumen; die Schnittbedingungen beeinflussen die Größe der Einschneidezone und damit die Spanungsdicken und -längen. Damit sind die Schnittkräfte im wesentlichen von diesen drei Einflußgrößen abhängig. Werden Modul, Vorschub und Zustellung konstant gehalten, so bringt eine Veränderung der Fräserabmessungen ebenfalls eine nennenswerte Änderung der Spanungsquerschnitte und damit der Schnittkräfte, die gegebenenfalls berücksichtigt werden muß. Zähnezahl und Profilverschiebung beeinflussen die Spanungsgeometrie, allerdings können aus den Querschnittsabhängigkeiten keine unmittelbaren Rückschlüsse auf die Schnittkraftabhängigkeit gezogen werden. Dazu ist es erforderlich, mit Hilfe von Schnittkraftmessungen Kenngrößen für den Zusammenhang zwischen Spanungsgeometrie und Schnittkraft zu ermitteln.

1.5 Messung der Schnittkräfte

Für die experimentelle Ermittlung der Schnittkräfte stand eine Wälzfräsmaschine zur Verfügung, die für einen maximalen Modul von $m = 8$ mm ausgelegt ist. Die zur Verfügung stehenden Wälzfräser von $m = 1$ mm bis $m = 8$ mm besitzen die in DIN 8002 festgelegten Abmessungen. Die Fräser der Güteklasse A wurden mit einer Rundlaufgenauigkeit kleiner als 0,01 mm aufgespannt, um Einflüsse aus Werkzeug- oder Aufspannfehlern zu vermeiden.
Die Messung der Schnittkräfte muß unter möglichst betriebsnahen Bedingungen vorgenommen werden. Dazu wurde ein spezieller Fräseraufspanndorn angefertigt, der in Abb. 26 dargestellt ist. Der Dorn erhielt im Kraftfluß zwischen Antrieb und Fräser eine Meßstelle, deren Durchmesser ungefähr dem der Fräseraufnahme entspricht. An dieser Stelle wurden Dehnungsmeßstreifen aufgeklebt; die Signale werden mittels Kabel durch eine zentral im Dorn verlaufende Bohrung an das freie Ende des Fräseraufspanndornes geführt und dort über einen Schleifringkopf abgenommen. Nach der Verstärkung in einem Trägerfrequenzmeßverstärker mit einer Trägerfrequenz von 5 kHz werden sie in einem Lichtstrahl-Oszillograph mit einem nutzbaren Frequenzbereich von 0 bis 2700 Hz aufgezeichnet.
Um eine Zuordnung der registrierten Signale zur Fräserstellung zu erhalten, wird am Fräseraufspanndorn ein Nocken angebracht, der über einen Mikroschalter je Fräserumdrehung eine Drehzahlmarke liefert. Dieser Nocken wird so ausgerichtet, daß der Schalter in dem Moment geschlossen wird, in dem der auf Verzahnungsmitte eingestellte Fräserzahn 0 die Winkelstellung $\delta = 0°$ aufweist und damit das endgültige Zahnprofil ausbildet.
Die Hauptschnittkraft, die als diejenige Kraft definiert ist, die in Richtung der Schnittgeschwindigkeit wirkt, also senkrecht auf der Fräserschneide steht, ruft im Fräseraufspanndorn Torsions- und Biegebeanspruchung hervor, während die anderen Schnittkraftkomponenten den Dorn im wesentlichen auf Biegung beanspruchen. Die Hauptschnittkraft soll aus der Torsionsspannung des Fräseraufspanndornes ermittelt werden, da diese über dem Dornumfang konstant ist. Die Biegebeanspruchung läuft im Gegen-

satz dazu relativ zum Dorn um und ruft an den Meßstellen (aufgeklebte Dehnungsmeßstreifen) unterschiedliche Beanspruchungen hervor. Die Dehnungsmeßstreifen werden deshalb so in Vollbrücke geschaltet, Abb. 27, daß sich die Widerstandsänderungen aus der Biegung kompensieren, während sich diejenigen aus der Torsion addieren und angezeigt werden. Die Kompensation ist nicht vollständig möglich, weil die Dehnungsmeßstreifen nicht genau unter 45° geklebt werden können. Die Restempfindlichkeit gegen Biegung ist jedoch in jedem Fall kleiner als 5% derjenigen gegen Torsion.

Zur Eichung der Meßanordnung wurde am Fräseraufspanndorn ein Hebel befestigt. An diesem wird in einem definierten Abstand eine Kraft aufgebracht, die mit Hilfe eines Kraftmeßbügels gemessen wird. Die Eichkurve zeigt eine gute Linearität und eine vernachlässigbare Hysterese bei Be- und Entlastung.

Die Schnittkräfte beim Wälzfräsen sind während einer Fräserumdrehung stark unterschiedlich. Jeder Fräserstollen ist nur während eines bestimmten Winkelweges im Eingriff und seine Belastung hat dabei einen in erster Näherung dreieckförmigen Verlauf. Der prinzipielle Schnittkraftverlauf ist in Abb. 28 dargestellt. Dabei ergibt sich ein Maximum je Stolleneingriff und eine periodische Schwankung dieser Werte pro Fräserumdrehung. Die Spitze je Stolleneingriff erreicht bei einem oder zwei Stollen einen Höchstwert, der die maximale Belastung für den Fräser und die unmittelbar dem Fräser benachbarten Maschinenelemente darstellt. Dieser Wert wird als maximale Hauptschnittkraft P_H bezeichnet.

Weiterhin läßt sich noch eine mittlere Schnittkraft je Stollen bzw. eine mittlere Schnittkraft je Fräserumdrehung angeben. Darauf wird in Abschnitt 1.8 näher eingegangen.

Durch das Wälzfräsen bedingt, sind stets mehrere Fräserzähne eines Stollens gleichzeitig im Eingriff. Aus diesem Grunde ist beim Verzahnen eines normalen Werkstückes keine direkte Analogie zu den für jeden Fräserzahn einzeln ermittelten Spanungsquerschnitten zu finden. Um dies zu ermöglichen, wurde ein Werkstück gewählt, bei dem nur eine Zahnlücke ausgebildet wird. Dabei ist gewährleistet, daß jeweils nur ein Fräserzahn schneidet. Das in Abb. 29 dargestellte Einzahnlücken-Werkstück wurde so eingestellt, daß es einem Ausschnitt aus einem Zahnrad mit $m = 4$ mm, $z = 34$ und $x = 0$ entspricht. Damit ist ein direkter Vergleich mit den an Versuchszahnrädern gleicher Abmessungen ermittelten Schnittkräften möglich.

Die an einem solchen Werkstück bei $\frac{s}{m} = 1$ und $v = 40$ m/min erfaßten und vom Schreiber aufgezeichneten Schnittkräfte (Meßaufzeichnung) sind in Abb. 30 in den drei oberen Zeilen dargestellt. Die Schnittkräfte der nacheinander in Eingriff kommenden Fräserzähne werden im Registriergerät nebeneinander aufgezeichnet. Damit entspricht die Meßaufzeichnung einer Darstellung über den abgewickelten Fräserzähnen. Die Schnittkräfte für die einzelnen Fräsergänge sind in Abb. 30 so dargestellt, daß an gleichen Stollen wirkende Kräfte übereinander aufgetragen sind.

Aus der Meßaufzeichnung ist zu erkennen, daß nach Schneidbeginn (Fräserzahn 16) die Schnittkräfte schnell anwachsen und bei den Fräserzähnen 11 und 10 ein Maximum erreichen. Der Abfall der Schnittkräfte erfolgt wesentlich langsamer, bis schließlich der Fräserzahn —7 den letzten Hüllschnitt ausbildet.

Ferner ist ersichtlich, daß das Schnittkraftmaximum der verschiedenen Fräserzähne bei unterschiedlichen Winkelstellungen δ auftritt. Die im Schruppbereich in der Einschneidezone liegenden Zähne, die die größte Kraft aufzunehmen haben, weisen ihr Maximum bei $\delta \approx \delta_0 = 30°$ auf. Bei den Zähnen, die im Bereich der Evolventenausbildung liegen, verschiebt sich das Maximum immer stärker zu kleineren Winkeln δ. Der in Verzahnungsmitte stehende Fräserzahn 0, der nur noch geringfügig an der Ausbildung des Werkstückzahnfußes beteiligt ist, und die folgenden Fräserzähne, die nur noch mit der Flanke schneiden, weisen das Schnittkraftmaximum nahe bei $\delta = 0°$ auf.

Bei der Verzahnung eines Zahnrades mit den hier vorliegenden Daten bedeutet die gemessene Schnittkraftaufteilung, daß bei den Stollen 2–7 stets je 3 Zähne, bei den Stollen 1, 8 und 9 stets je 2 Zähne im Eingriff sind. Die am Stollen auftretende Kraft läßt sich demnach durch Addition der Zahnkräfte n, $n+i$, $n+2i$ gewinnen und muß übereinstimmen mit der beim Fräsen eines Zahnrades entsprechender Abmessungen auftretenden Kraft. Der an einem solchen Werkstück mit $m = 4$ mm, $z = 34$, $x = 0$ bei $\frac{s}{m} = 1$ und $v = 40$ m/min aufgenommene Schnittkraftverlauf ist in Abb. 30 in der unteren Zeile dargestellt. Gestrichelt ist die aus der Addition der oben gezeigten Einzelkräfte gewonnene Gesamtschnittkraft eingetragen. Dabei zeigt sich eine gute Übereinstimmung; lediglich bei den Stollen mit den kleineren Schnittkräften ergibt sich eine nennenswerte Abweichung. Es ist jedoch deutlich zu erkennen, daß die Maximalwerte der Stollenkräfte dicht bei $\delta = \delta_0$ liegen. Dieser Zusammenhang zeigt sich auch bei anderen Zahnradabmessungen. Daraus ist zu folgern, daß für die Berechnung der Schnittkräfte aus den Spanungsquerschnitten insbesondere der Bereich um $\delta = \delta_0$ von Interesse ist.

Für die Schnittkraftberechnung ist es erforderlich, eine Beziehung zwischen den gemessenen Schnittkräften und den berechneten Spanungsquerschnitten zu finden, die als Schnittkraftkenngröße, ähnlich der spezifischen Schnittkraft z. B. beim Drehen, dienen kann.

1.6 Ermittlung einer Schnittkraftkenngröße

Bei bekannten Spanungsquerschnitten ist zur Ermittlung der auftretenden Schnittkräfte die Kenntnis der spezifischen Schnittkraft erforderlich [Formel (1) in Abschnitt 1.2.1]. Diese ist abhängig vom Werkstoff des Werkstückes, von der Schneidengeometrie, der Form des Spanungsquerschnittes und unter Umständen von den Zerspanbedingungen (Schnittgeschwindigkeit, Kühlung). Die spezifische Schnittkraft läßt sich exakt nur beim Zerspanen im Orthogonalschnitt für konstanten Spanungsquerschnitt bestimmen, mit hinreichender Genauigkeit auch für angenäherten Orthogonalschnitt, wenn Eckenradius und Nebenschneidenlänge klein sind gegenüber der Hauptschneidenlänge.

Beim Umfangsfräsen wird die Bestimmung der spezifischen Schnittkraft dadurch erschwert, daß die Spanungsdicke über dem Eingriffsweg der Schneide veränderlich ist. Es ist deshalb erforderlich, über den Spanungsquerschnitt zu integrieren oder mit einer gemittelten Spanungsdicke zu rechnen.

Beim Abwälzfräsen liegt dieser Effekt der veränderlichen Spanungsdicke ebenfalls vor. Im Gegensatz zum Umfangsfräsen hat hierbei allerdings jeder Fräserzahn einen anderen Spanungsquerschnitt sowie nicht eine, sondern je nach Stellung zur Verzahnungsmitte eine, zwei oder drei Hauptschneiden, die zusammen einen etwa hufeisenförmigen Spanquerschnitt abtrennen, wie er in den Abb. 9 und 31 dargestellt ist. Deshalb sind aus Untersuchungen im Orthogonalschnitt gewonnene spezifische Schnittkräfte für das Wälzfräsen nicht anwendbar. Es soll deshalb versucht werden, für das Wälzfräsen analog zur spezifischen Schnittkraft bei anderen Zerspanverfahren eine Schnittkraftkenngröße zu finden, die es gestattet, aus den berechneten Spanungsquerschnitten die zu erwartenden Schnittkräfte zu bestimmen. Dazu werden die beim Verzahnen gemessenen Schnittkräfte und die gerechneten Spanungsquerschnitte untersucht.

Beim Wälzfräsen eines Zahnrades $m = 4$ mm, $z = 34$, $x = 0$ aus Ck 45 mit einem Fräser $i = 9$ und $A = 10$ erfordert der Vorschub $\frac{s}{m} = 1$ insgesamt 22 an der Zerspanung

beteiligte Fräserzähne. Für drei dieser Fräserzähne, Nr. 11 in der Schruppzone, Nr. 4 und Nr. —3 im Bereich der Evolventenausbildung, sind in Abb. 31 die Spanungsquerschnitte für verschiedene Fräserstellungen aufgezeichnet. Es ist zu erkennen, daß an dem Schruppzahn 11 der Querschnitt an der Kopfschneide dominiert. Allerdings sind bei $\delta = \delta_0 = 30°$, bei dem das Querschnittsmaximum vorliegt, alle drei Schneiden an der Zerspanung beteiligt. Dadurch können die Späne der einzelnen Schneiden nicht frei ablaufen, sondern an den Schneideneckpunkten kommt es zu Spanquetschungen.
Beim Zahn 4 sind die Querschnittsflächen an der äußeren Fräserzahnflanke und am Fräserzahnkopf etwa gleich, dagegen ist die Kopfspanungsdicke wesentlich kleiner als diejenige beim Fräserzahn 11. Auch hierbei sind in beiden Eckpunkten Spanquetschungen zu erwarten. Die Spanquetschkraft wird in wesentlich geringerem Maße durch die Spanungsquerschnitte beeinflußt als die direkt querschnittsabhängige Trennkraft, so daß die Quetschkraft relativ zur Schnittkraft bei Fräserzahn 4 größer wird als bei 11. Von dem in der Ausschneidezone liegenden Fräserzahn —3 trennt nur noch die äußere Flanke Werkstoff ab, so daß hier keine zusätzliche Eckenquetschkraft auftreten kann.
In Abb. 32 sind unten die Schnittkräfte aufgetragen, die beim Verzahnen eines Einzahnlücken-Werkstückes mit den in der Abbildung angegebenen Abmessungen und Verzahndaten (entsprechend Abb. 30 und 31) gemessen wurden. Unter der Meßaufzeichnung ist jeweils die Stelle $\delta = 0°$ markiert. Wie schon in Abschnitt 1.5 gezeigt wurde, verschiebt sich das Schnittkraftmaximum von etwa $\delta = \delta_0$ in der Schruppzone (Beginn der Einschneidezone) gegen $\delta \approx 0°$ in der Ausscheidezone. Nach den Berechnungen der Spanungsquerschnitte tritt der maximale Querschnitt jedoch stets bei $\delta = \delta_0$ auf. Das bedeutet, daß das Schnittkraftmaximum in der Regel nicht gleichzeitig mit dem Querschnittsmaximum auftritt. Das ist darauf zurückzuführen, daß die Zerspankräfte nicht nur durch die querschnittsabhängigen Schnittkräfte, sondern auch durch Spanquetschkräfte bestimmt werden.
In Abb. 32 sind über den Schnittkräften die maximalen Spanungsquerschnitte für $\delta = \delta_0$ aufgetragen, aufgeteilt in die Spanungsflächen am Fräserzahnkopf und an den Flanken. Dabei zeigt sich, daß zwei Fräserzähne mehr an der Zerspanung beteiligt sind, als die Berechnung ergibt. Dafür können folgende Gründe angegeben werden: Das Werkzeug hat Eckenradien, die bei der Berechnung außer acht gelassen werden, außerdem wird für die Berechnung der Spanungsgeometrie nach Gl. (19) eine bestimmte Stellung des ersten schneidenden Fräserzahnes angenommen, während sich diese Stellung in der Maschine zufällig ergibt.
Die beiden nicht durch die Berechnung erfaßten Fräserzähne sind nur relativ gering belastet. Die maximalen Belastungen treten an den Fräserzähnen mit den größten Spanungsquerschnitten auf. Bei einem Vergleich der maximalen Schnittkraft je Zahn und dem Querschnitt je Zahn über dem gesamten Eingriffsbereich ist zu erkennen, daß Querschnitt und Schnittkraft ähnlich verlaufen. Allerdings ist eine direkte Proportionalität nicht vorhanden; vielmehr spielen hierbei die Spanungsdicken und die Form der Spanungsquerschnitte eine Rolle. Es soll nun analog zur spezifischen Schnittkraft beim Orthogonalschnitt eine Kenngröße definiert werden, die eine Beziehung zwischen Spanungsquerschnitt und Zerspankraft herstellt. Dabei können die geometrischen Daten des Spanungsquerschnittes in eine Formel eingeführt werden, während die in den Ecken hervorgerufenen Quetschanteile durch Beiwerte zu berücksichtigen sind.
Bei der Ermittlung der Schnittkräfte beim Wälzfräsen ist insbesondere die maximale Hauptschnittkraft P_H von Interesse. Für diese Komponente soll die Ermittlung einer Schnittkraftkenngröße durchgeführt werden. P_H wird im vorliegenden Beispiel, wie auch aus Abb. 30 zu erkennen ist, im wesentlichen durch den Fräserzahn mit dem maximalen Spanungsquerschnitt bestimmt.

Analog zu der spezifischen Schnittkraft k_s wird angenommen, daß die Schnittkraftkenngröße mit zunehmender Spanungsdicke abnimmt. Die Formel zur Bestimmung der maximalen Hauptschnittkraft kann demnach geschrieben werden

$$P_H = f_s \cdot b \cdot h^{1-z} \qquad (21)$$

f_s = Konstante analog zu $k_{s1.1}$ in Gl. (1)
b = Spanungsbreite
h = Spanungsdicke
$1 - z$ = Anstiegswert

Einem bestimmten Werkstoff werden somit eine Konstante f_s und ein Anstiegswert $1 - z$ als Schnittkraftkenngrößen zugeordnet. Die Spanungsbreite b entspricht den als Spanungslängen l_K, l_{Fa} und l_{Fi} ermittelten Werten. Die Spanungsdicke h ist über der Breite veränderlich; in Näherung wird mit einer mittleren Spanungsdicke gerechnet.

Damit wird

$$h_K = \tfrac{1}{2}(h_{Ka} + h_{Ki}) \qquad (22a)$$

$$h_{Fa} = \tfrac{1}{2}(h_{Fo} + h_{Fu}) \qquad (22b)$$

$$h_{Fi} = \tfrac{1}{2} h_{Fi} \qquad (22c)$$

Die Anstiegswerte $1 - z$ sowie die spezifischen Schnittkräfte $k_{s1.1}$ sind nach Literaturangaben für verschiedene Werkstoffe stark unterschiedlich und aus den oben angeführten Gründen nicht auf die Zerspanverhältnisse beim Wälzfräsen anwendbar. Deshalb wurden, da ein direktes Beziehen der Schnittkräfte auf den Querschnitt nicht möglich ist, Berechnungen mit verschiedenen Schnittkraftkenngrößen f_s und $1 - z$ durchgeführt, um eine möglichst genaue Annäherung an die Meßwerte herbeizuführen. Dabei werden für jede Schneide – am Fräserzahnkopf und an den Flanken – getrennt nach Gl. (21) die Schnittkräfte berechnet, die addiert die gesamte Fräserzahnkraft ergeben. Bei diesem Vorgehen wird vorausgesetzt, daß der Einfluß insbesondere der Spanquetschung an den Schneidenecken in f_s erfaßt ist. Dies ist jedoch nur für die Fräserzähne mit dem maximalen Spanungsquerschnitt der Fall, bei denen die querschnittsabhängigen Schnittkräfte wesentlich größer sind als die Eckenquetschkräfte.

Die Kräfte der einzelnen Fräserzähne, die auf einem Stollen nebeneinander schneiden, also der Fräserzähne n, $n + i$, $n + 2i$, ... werden zur Stollenkraft addiert. Die größte Stollenkraft ist die maximale Hauptschnittkraft P_H. Neben den in den Abb. 30 und 32 dargestellten Meßwerten lagen Meßergebnisse vom Wälzfräsen bei Zahnrädern mit den Moduln 2 mm, 3 mm, 4 mm, 5 mm und 6 mm bei verschiedenen Vorschüben vor.

Die beste Annäherung an die experimentell ermittelten Werte ergeben die Schnittkraftkenngrößen $f_s = 250$ kp/mm² und $1 - z = 0{,}75$. Meßwerte und Rechenergebnisse sind in Abb. 33 dargestellt. Wie bei der Berechnung der Spanungsquerschnitte festgestellt wurde, bedeutet eine Vergrößerung des Vorschubes eine Erweiterung der Einschneidezone. Dadurch kommen Fräserzähne in größerem Abstand von der Verzahnungsmitte mit größerem Spanungsquerschnitt in Eingriff, wodurch die Hauptschnittkraft ansteigt. Dieser Anstieg läßt sich im gesamten untersuchten Bereich durch Geraden im doppeltlogarithmischen System darstellen. Wie aus Abb. 33 hervorgeht, erbringen die gewählten Parameter $f_s = 250$ kp/mm² und $1 - z = 0{,}75$ eine gute Annäherung an die Meßwerte und gleiche Abhängigkeit vom Vorschub. Dabei wurden bei der Berechnung die für die einzelnen Moduln unterschiedlichen Fräserabmessungen i und A berücksichtigt. Diese Unterschiede sind in der Versuchsdurchführung begründet, da die eingesetzten Werkzeuge die in DIN 8002 festgelegten Abmessungen hatten.

Damit sind für die folgenden Untersuchungen die Schnittkraftkenngrößen $f_s = 250$ kp/mm² und $1 - z = 0{,}75$ festgelegt, nach der die maximale Schnittkraft eines Fräserzahnes berechnet werden kann:

$$P_{Hn} = \Sigma f_s \cdot b_n \cdot h_n^{1-z} \tag{23}$$

Mit Gl. (23) können nun die Schnittkräfte abhängig von den verschiedenen Einflußgrößen auf die Zerspanungsgeometrie untersucht werden. Dazu wird die Schnittkraftkenngröße in das Rechnerprogramm eingebaut, so daß die Schnittkräfte unmittelbar in Abhängigkeit von den Verzahnbedingungen bestimmt werden können.

1.7 Maximale Hauptschnittkraft P_H in Abhängigkeit von der Verzahnungsgeometrie und den Schnittbedingungen

Die maximale Hauptschnittkraft P_H beim Wälzfräsen ist ein Maß für die Beanspruchung des Wälzfräsers sowie die diesem benachbarten Maschinenelemente wie Fräseraufspanndorn, Fräserspindel mit Lagerung sowie Werkstückaufnahme. Die Hauptschnittkraft, die über die Schnittkraftkenngröße mit der Spanungsgeometrie verknüpft ist, wird von einer Vielzahl von Parametern beeinflußt. Zu den bei der Berechnung der Spanungsabmessungen erfaßten Einflußgrößen kommen weitere, die zwar nicht die Spanungsgeometrie, wohl aber die Schnittkräfte beeinflussen, z. B. die Schnittgeschwindigkeit.

Die im folgenden beschriebenen Messungen wurden, wenn im einzelnen nicht anders angegeben, beim Wälzfräsen von Werkstücken aus Ck 45 normalisiert bei $v = 40$ m/min mit Ölkühlung im Gegenlaufverfahren durchgeführt. Die Berechnungen werden mit Hilfe der in Abschnitt 1.6 ermittelten Schnittkraftkenngröße gemäß Gl. (23) durchgeführt.

Aus den Berechnungen und Messungen ergeben sich Gesetzmäßigkeiten, so daß eine allgemeine Formel für die Hauptschnittkraft aufgestellt werden kann:

$$P_H = K(m^a \cdot C_z \cdot C_x \cdot C_\beta) \cdot (C_i \cdot C_A) \cdot \left(\left(\frac{s}{m}\right)^b \cdot t^d \cdot C_v \cdot C_F\right) \cdot C_w \tag{24}$$

K = Konstante
m = Modul
$\frac{s}{m}$ = Vorschub
t = Zustellfaktor
a, b, d = Exponenten
C = Beiwert für z = Zähnezahl
$\qquad x$ = Profilverschiebung
$\qquad \beta$ = Schrägungswinkel
$\qquad i$ = Stollenzahl
$\qquad A$ = Fräserdurchmesser
$\qquad v$ = Schnittgeschwindigkeit
$\qquad F$ = Fräsverfahren
$\qquad W$ = Werkstoff

In der Formel sind die Hauptabhängigkeitsgruppen durch Klammern unterteilt: Zahnradgeometrie, Fräserabmessungen, Zerspanbedingungen und Zahnradwerkstoff.

Modul, Vorschub und Zustellfaktor werden als Exponentialfunktionen dargestellt, da auf Grund der berechneten Querschnittsabhängigkeiten von diesen drei Veränderlichen der stärkste Einfluß auf die Schnittkraft zu erwarten ist, während alle anderen Parameter als Beiwerte berücksichtigt sind.

Die in der Formel (24) aufgeführten Größen wurden, soweit sie die Spanungsgeometrie beeinflussen, rechnerisch untersucht. Die Berechnung der Schnittkraft bietet den Vorteil, daß bei der Untersuchung einer Veränderlichen alle anderen Größen konstant gehalten werden können, was im Versuch durch die Verwendung verschiedener Werkzeuge sowie durch Maschineneinflüsse nicht immer gewährleistet ist. Die berechneten Werte wurden durch Messungen bestätigt [25]. Parameter, die keinen Einfluß auf die Spanungsgeometrie haben, wurden experimentell untersucht, wobei die oben genannten Schwierigkeiten in Kauf genommen werden mußten.

1.7.1 Schnittgeschwindigkeit

Die Schnittgeschwindigkeit beeinflußt nicht die Spanungsgeometrie, dagegen in begrenztem Maße die Schnittkraftkenngröße. Deswegen wird der Einfluß der Schnittgeschwindigkeit experimentell untersucht. Dabei werden, um einen möglichst weiten Bereich zu erfassen, nur die Schnittbedingungen Vorschub und Zustellung konstant gehalten, während Zahnräder verschiedener Moduln mit unterschiedlichen Zähnezahlen und unterschiedlichen Fräserabmessungen verzahnt werden. Die dabei gemessenen Hauptschnittkräfte P_H sind in Abb. 34 über der Schnittgeschwindigkeit v aufgetragen. Es zeigt sich bei allen Abmessungen ein Abfall der Schnittkraft mit zunehmender Schnittgeschwindigkeit innerhalb des erfaßten Bereiches. Der Schnittgeschwindigkeitsbereich wird nach unten begrenzt durch die Mindestgeschwindigkeit, die sich aus der niedrigsten Drehzahl der Wälzfräsmaschine und dem Fräserdurchmesser ergibt, nach oben durch diejenigen Schnittgeschwindigkeiten, bei denen die verwendeten Schnellstahlwälzfräser im Hinblick auf die Standzeit noch sinnvoll eingesetzt werden können. Als Schnittgeschwindigkeit wird stets die am Fräserzahnkopf auftretende Umfangsgeschwindigkeit angegeben.

Die gemessenen Werte lassen sich im doppeltlogarithmischen System wiederum durch Geraden annähern, die allerdings unterschiedliche negative Steigungen aufweisen. Um eine einheitliche Darstellung zu ermöglichen, wird eine mittlere Steigung angenommen, so daß bei Bezug auf die in den meisten Versuchen verwendete Schnittgeschwindigkeit $v = 40$ m/min der Schnittgeschwindigkeitsbeiwert

$$C_v = \left(\frac{40}{v}\right)^{0,28} \qquad (25)$$

geschrieben werden kann.

1.7.2 Fräsverfahren

Die in den voraufgegangenen Abschnitten beschriebenen Messungen und Berechnungen beziehen sich auf das Gegenlauffräsen. Beim Wälzfräsen sind jedoch drei Verfahren möglich: Gegenlauffräsen, Gleichlauffräsen und Tauchfräsen.

Beim Gleich- und Gegenlauffräsen werden Werkzeug und Werkstück bei konstantem Achsabstand in Richtung der Werkstückachse relativ gegeneinander verschoben. Beim Gegenlauffräsen ist die Relativbewegung des Werkstückes gegenüber dem Werkzeug der Schnittrichtung entgegengerichtet, beim Gleichlauffräsen gleichgerichtet. Beim Tauchfräsen werden Werkzeug und Werkstück unter Verringerung des Achsabstandes aufeinander zubewegt. Dieses Verfahren wird beim Wälzfräsen von Stirnrädern selten angewendet und in der vorliegenden Arbeit nicht behandelt.

Beim Gleichlauffräsen liegen die gleichen Spanungsquerschnitte wie beim Gegenlauffräsen vor, jedoch wird hierbei der Schneidwinkel in umgekehrter Richtung von $\sigma = \sigma_{max}$ zu $\sigma = 0°$ durchlaufen. Der Schnittkraftverlauf ändert sich, da der maximale Spanungsquerschnitt bereits kurz nach Schneidbeginn erreicht und dadurch der Schnittkraftanstieg wesentlich steiler wird. Beim Messen der Schnittkräfte konnte jedoch für die maximale Hauptschnittkraft P_H kein nennenswerter Unterschied beim Gleich- und Gegenlauffräsen festgestellt werden. Neben dem maximalen Spanungsquerschnitt ist somit auch die Schnittkraftkenngröße gleich und der Beiwert für das Fräsverfahren wird

$$C_F = 1 \qquad (26)$$

1.7.3 Werkzeugverschleiß

Das Verschleißkriterium beim Wälzfräsen ist im allgemeinen der Freiflächenverschleiß, während die Auskolkung der Spanfläche unbedeutend ist. Die Verschleißverteilung auf die einzelnen Fräserzähne ist belastungsabhängig; die größten Werte treten an den hochbelasteten Fräserzähnen in der Einschneidezone auf.

Der Maximalverschleiß liegt meist am Übergang vom Fräserzahnkopf zur Fräserzahnflanke. In der Praxis werden maximale Verschleißmarken von 0,5 bis 0,7 mm zugelassen. Innerhalb dieses Bereiches war ein Einfluß des Verschleißes auf die Schnittkräfte nicht nachzuweisen. Werden Verzahnungsarbeiten so durchgeführt, daß extreme Verschleißwerte nicht auftreten, so kann während der gesamten Arbeitsdauer mit konstanten Schnittkräften gerechnet werden.

1.7.4 Zahnradwerkstoff

Der Werkstoff der zu verzahnenden Räder hat auf Grund seiner Festigkeitseigenschaften, seiner Gefügeausbildung und seiner Legierungsbestandteile einen erheblichen Einfluß auf die Schnittkraftkenngröße. Um diesen Einfluß aufzuzeigen, wurde an Zahnrädern mit vier verschiedenen Werkstoffen bei gleichen Abmessungen, unter gleichen Schnittbedingungen und mit dem gleichen Werkzeug die Schnittkraft beim Verzahnen gemessen. Die Ergebnisse sind in Abb. 35 dargestellt, in dem auch die Vickershärten des normalisierten bzw. des vergüteten Werkstoffes eingetragen sind. Es ist zu erkennen, daß die Festigkeitseigenschaften keinen direkten Einfluß auf die Schnittkräfte haben, wie auch schon KIENZLE und VIKTOR bei ihren Untersuchungen der spezifischen Schnittkräfte bei der Metallbearbeitung feststellten. Daraus folgt, daß aus den Festigkeitseigenschaften allein keine Rückschlüsse auf die zu erwartenden Schnittkräfte möglich sind. Die eingetragenen Schnittkraftgeraden für vier häufig verwendete Zahnradwerkstoffe verlaufen im doppeltlogarithmischen System parallel, so daß sich die Schnittkräfte P_H durch konstante Faktoren unterscheiden. Wird für Ck 45 N der Werkstoffbeiwert $C_w = 1$ gesetzt, so folgt

$$C_w = 1 \quad \text{für Ck 45 N} \qquad (27\text{a})$$
$$C_w = 1 \quad \text{für 34 Cr 4 V} \qquad (27\text{b})$$
$$C_w = 1,35 \quad \text{für 42 CrMo 4 V} \qquad (27\text{c})$$
$$C_w = 1,7 \quad \text{für 31 CrMoV 9 V} \qquad (27\text{d})$$

1.7.5 Schnittkraftformel für P_H

Die Ergebnisse aus den Berechnungen und den unter 1.7.1 bis 1.7.4 beschriebenen experimentellen Ermittlungen sind nachfolgend zusammengestellt.

Es wurden für die einzelnen Bestimmungsstücke folgende Beziehungen gefunden:

Modul	a	$= 1{,}75$
Vorschub	b	$= 0{,}8$
Zähnezahl	C_z	$= 1$
Profilverschiebung	C_x	$= e^{0{,}65 \cdot x \cdot z^{-0{,}35}}$
Schrägungswinkel	C_β	$= e^{0{,}012\beta}$
Stollenzahl	C_i	$= \left(\dfrac{10}{i}\right)^{0{,}7}$
Fräserradius	C_A	$= \left(\dfrac{10}{A}\right)^{0{,}6}$
Zustellfaktor	d	$= 0{,}75$
Schnittgeschwindigkeit	C_v	$= \left(\dfrac{40}{v}\right)^{0{,}28}$ nach (25)
Fräsverfahren	C_F	$= 1$ (26)
Werkstoff	C_w	$=$ abhängig vom Zahnradwerkstoff (27)

Werden diese Bestimmungsgrößen in die Schnittkraftformel eingesetzt, so kann aus den gerechneten bzw. gemessenen Absolutwerten der maximalen Hauptschnittkraft P_H die Konstante K bestimmt werden:

$$K = 35$$

Damit wird die maximale Hauptschnittkraft

$$P_H = 35 \cdot m^{1{,}75} \cdot \left(\frac{s}{m}\right)^{0{,}8} \cdot e^{0{,}65 x} \cdot z^{-0{,}35} \cdot e^{0{,}012\beta} \cdot \left(\frac{10}{i}\right)^{0{,}7} \cdot \left(\frac{10}{A}\right)^{0{,}6} \cdot t^{0{,}75} \cdot \left(\frac{40}{v}\right)^{0{,}28} \cdot C_w \tag{28}$$

Diese Formel läßt sich auf die folgende Form vereinfachen

$$p_H = 2000 \cdot m^{0{,}95} \cdot s^{0{,}8} \cdot e^{0{,}65 x} \cdot z^{-0{,}35 + 0{,}012\beta} \cdot i^{-0{,}7} \cdot A^{-0{,}6} \cdot t^{0{,}75} \cdot v^{-0{,}28} \cdot C_w \tag{29}$$

Diese Beziehung ist gültig für den Modulbereich von $m = 1$ mm bis $m = 10$ mm. Eine Extrapolation auf andere Moduln wird im Abschnitt 1.8.6 diskutiert.

Aus der Formel geht hervor, daß eine Vergrößerung des Moduls, des Vorschubes und der Zustelltiefe die Schnittkraft vergrößert, begründet durch das Anwachsen der Zerspanungsquerschnitte. Weiterhin vergrößern eine Profilverschiebung sowie Schrägverzahnung die Schnittkräfte gegenüber der Zerspanung unkorrigierter geradverzahnter Stirnräder. Eine Erhöhung der Schnittgeschwindigkeit vermindert die Belastung des Werkzeuges, ist jedoch bei SS-Fräsern nur bis zu etwa 70 m/min sinnvoll, da bei größerem v der schnittgeschwindigkeitsbedingte Verschleiß keine wirtschaftliche Fertigung mehr zuläßt. Ein Vergrößern von Stollenzahl und Fräserdurchmesser senkt ebenfalls die Belastung des Werkzeuges. Allerdings bedeutet eine Vergrößerung der Stollenzahl i im allgemeinen eine Erhöhung sowohl der Werkzeug- als auch der Instandhaltungskosten, während bei vergrößertem Fräserdurchmesser bei konstanter Schnittgeschwindigkeit die Fräserdrehzahl und entsprechend die Werkstückdrehzahl verringert wird.

Dadurch ist bei gleichen Verzahndaten eine längere Fräszeit erforderlich. Diese Verlängerung kann jedoch durch einen größeren Vorschub kompensiert werden, wie aus folgendem Beispiel hervorgeht. Ein Werkzeug mit $A = 15$ erfordert wegen der Durchmesservergrößerung ein Absenken der Drehzahl auf $2/3$ gegenüber $A = 10$. Um eine gleiche Fräszeit zu erreichen, muß der Vorschub um den Faktor 1,5 erhöht werden. Damit ergibt sich das Verhältnis von $P_{H_{15}}$ bei $A = 15$ und $i = 15$ gegenüber $P_{H_{10}}$ bei $A = 10$ und $i = 10$ zu

$$P_{H_{15}}/P_{H_{10}} = (1,5)^{0,8} \cdot \left(\frac{10}{15}\right)^{0,7} \cdot \left(\frac{10}{15}\right)^{0,6} = 0,81$$

Damit wird bei der hier gewählten Vergrößerung von Fräserdurchmesser und Stollenzahl bei gleicher Fräszeit pro Werkstück eine Verringerung der Schnittkraft auf etwa 80% gegenüber dem kleineren Werkzeug erreicht.

1.8 Mittlere Schnittkraft P_m

Die in den vorausgegangenen Abschnitten ermittelte maximale Hauptschnittkraft P_H tritt an Werkstück und Werkzeug und damit auch an den unmittelbar dem Werkstück benachbarten Maschinenelementen (Fräserdorn, Fräseraufnahmespindel, Lagerung) auf. Mit größerem Abstand vom Fräser wird aus der mit Stolleneingriffsfrequenz bzw. Fräserdrehfrequenz periodisch schwankenden Schnittkraft durch das Zwischenschalten einer Schwungscheibe und die Folge von Zahnradpaaren und Zwischenwellen im Wälzgetriebezug der Maschine ein integraler Mittelwert gebildet, der der Belastung des Motors aus den Schnittkräften entspricht und als mittlere Schnittkraft P_m bezeichnet wird. Diese ist in Abb. 28 eingetragen. Sie entspricht dem Mittelwert aus den Flächen unter dem Schnittkraftverlauf, d. h. sie kann durch Integration des Schnittkraftverlaufs ermittelt werden. Wie in Abschnitt 1.6 gezeigt wurde, kann zwar P_H rechnerisch bestimmt werden, wegen der unterschiedlichen Schnittkraftbeiwerte jedoch nicht der Schnittkraftverlauf. Damit ist eine Berechnung von P_m aus den Spanungsquerschnitten nicht möglich, vielmehr muß die mittlere Schnittkraft experimentell ermittelt werden.

1.8.1 Ermittlung von P_m

Zur Ermittlung von P_m wurde die in Abb. 36 dargestellte Schaltung eingesetzt. Das aus der in Abschnitt 1.5 beschriebenen Schnittkraftmessung gewonnene Signal wird einem Rechenverstärker und von dort einmal direkt dem Registriergerät, zum anderen einer Integrierstufe zugeführt. Vorher durchläuft es ein Potentiometer und einen zweiten Rechenverstärker, in denen ein für die spätere Registrierung sinnvoller Vergrößerungsfaktor eingestellt wird. In der Integrierstufe wird der gemessene Schnittkraftverlauf über die Zeit integriert. Das von den am Fräseraufspanndorn angebrachten Nocken (Abb. 26) ausgelöste Signal wird als Löschsignal für die Integrierstufe verwendet, so daß die Integration jeweils über eine ganze Fräserumdrehung erfolgt. Die Löschdauer beträgt 5–7 ms und entspricht damit etwa 1,5% einer Fräserumdrehung bei $m = 3$ mm und $v = 40$ m/min. Da zudem das Löschen in einem Moment minimaler Schnittkraft erfolgt, ist die Verfälschung der Integration durch die endliche Löschzeit unerheblich. Von der Integrierstufe wird das Signal dem Registriergerät zugeführt und gleichzeitig mit dem Schnittkraftverlauf aufgezeichnet. In Abb. 37 ist eine solche Meßaufzeichnung wiedergegeben. Es ist deutlich der je Fräserstollen anwachsende Integrationswert zu erkennen. Der maximale Wert, im Bild mit $J \cdot$ kps bezeichnet, repräsentiert den Inhalt der Flächen unter dem Schnittkraftverlauf für eine Fräserumdrehung.

Wird der Wert J durch die Zeit pro Fräserumdrehung, die in der Aufzeichnung durch eine Strecke dargestellt wird, dividiert, so entspricht das Ergebnis der mittleren Schnittkraft P_m. Zur Eichung wird der Fräser mit einer konstanten Kraft K belastet und die Integrierstufe während einer definierten Zeit t eingeschaltet. Der hiernach angezeigte Wert J entspricht dem Produkt $k \cdot t$ kp · s. Wird $t = 1$ sec, dann entspricht der Wert J direkt der eingestellten Kraft K.

1.8.2 Schnittkraftformel für P_m

Die mittlere Hauptschnittkraft P_m wird von den gleichen Größen beeinflußt wie die maximale Hauptschnittkraft P_H, so daß sich hierfür schreiben läßt:

$$P_m = N \cdot m^{a^*} \cdot \left(\frac{s}{m}\right)^{b^*} \cdot C_z^* \cdot C_x^* \cdot C_\beta^* \cdot C_i^* \cdot C_A^* \cdot t^{d^*} \cdot C_v^* \cdot C_F^* \cdot C_W^* \quad (30)$$

Hieraus wurden in ihrer Auswirkung auf P_m erfaßt:

   Modul $a^* = 2{,}35$
   Vorschub $b^* = 0{,}95$
   Zustellfaktor $d^* = 1{,}4$

Wegen der vorgegebenen Werkzeugabmessungen, die den in DIN 8002 genormten entsprechen, ist in den oben zahlenmäßig angegebenen Abhängigkeiten der Einfluß der Fräserabmessungen bereits enthalten. Eine aus den Messungen abgeleitete Formel für P_m gilt deshalb exakt nur für Fräser mit genormten Abmessungen; die Beiwerte C_i und C_A können nicht angegeben werden. Die übrigen Beiwerte, die keinen oder nur einen geringen Einfluß auf den Schnittkraftverlauf und damit auf P_m haben, werden aus der Formel für P_H entnommen. Aus den Absolutwerten der mittleren Hauptschnittkraft läßt sich die Konstante N ermitteln, wenn die gefundenen Abhängigkeiten eingesetzt werden:

$$N = 5{,}25$$

P_m läßt sich wie folgt berechnen:

$$P_m = 5{,}25 \cdot m^{2{,}35} \cdot \left(\frac{s}{m}\right)^{0{,}95} \cdot \varrho^{0{,}65\,x} \cdot z^{-0{,}35 + 0{,}012\beta} \cdot t^{1{,}4} \cdot \left(\frac{40}{v}\right)^{0{,}28} \cdot C_w \quad (31)$$

Vereinfacht erhält die Formel für die mittlere Schnittkraft die folgende Form:

$$P_m = 15 \cdot m^{1{,}4} \cdot s^{0{,}95} \cdot \varrho^{0{,}65\,x} \cdot z^{-0{,}35 + 0{,}012\beta} \cdot t^{1{,}4} \cdot v^{-0{,}28} \cdot C_w$$

Modul, Vorschub und Zustellung, die im wesentlichen die Spanquerschnitte bestimmen, beeinflussen die mittlere Hauptschnittkraft P_m in weit stärkerem Maße als die maximale Hauptschnittkraft P_H. Die Übernahme der Beiwerte für x und β ist gerechtfertigt, denn sowohl (positive) Profilverschiebung als auch Schrägverzahnung vergrößern das zu zerspanende Volumen und damit die erforderliche Zerspanleistung gegenüber nichtkorrigierter Geradverzahnung. Schnittgeschwindigkeit und Werkstoff beeinflussen den Kraftverlauf nicht und verändern somit P_m in der gleichen Weise wie P_H.

1.8.3 Vergleich der Schnittkraftformeln für P_H und P_m

Bei einem Vergleich der Formel (28) für die maximale Hauptschnittkraft P_H mit Formel (31) für die mittlere Hauptschnittkraft P_m zeigen sich Unterschiede in der Konstanten sowie in den Exponenten von Modul, Vorschub und Zustellung. P_m ist dadurch bei kleinen Werten von m, $\frac{s}{m}$ und t wesentlich kleiner als P_H. Wachsen Modul, Vorschub und Zustellung, so nähert sich P_m der maximalen Hauptschnittkraft P_H an (Abb. 38).

Diese Schnittkraftgeraden stellen für den untersuchten Modulbereich $1 \leq m \leq 10$ mm zulässige Näherungen dar. Eine Extrapolation auf Modulwerte $m > 10$ mm ist allerdings nicht möglich; hierbei sind größere Abweichungen zu erwarten. Vielfach wird jedoch in diesen Modulbereichen mit speziellen Schruppwerkzeugen (Scheibenfräser, Schrupp- oder Raumwälzfräser mit spezieller Schneidengeometrie und geringerer Hüllschnittzahl) gearbeitet, so daß die Anwendung der Formeln im wesentlichen auf den Bereich bis $m = 10$ mm beschränkt bleibt, für den die Gültigkeit durch Messungen nachgewiesen ist.

1.9 Folgerungen

Aus den Messungen bzw. Berechnungen der Hauptschnittkraft ergaben sich Formeln zur Ermittlung der auftretenden Belastungen. Beim Schruppen ins Volle können die Schnittkräfte in starkem Maße das Bearbeitungsergebnis beeinflussen. Zwar wird diese Bearbeitung in der Regel als Vorstufe zu einem Fertigbearbeitungsverfahren eingesetzt, jedoch wird dabei häufig die erreichbare Verzahnungsqualität von der Qualität der Vorverzahnung beeinflußt (z. B. beim Schaben und Läppen). Eine im Hinblick auf die auftretenden Schnittkräfte genügend steife Auslegung ist demnach auch für reine Schruppmaschinen sinnvoll.

Aus den Absolutwerten der ermittelten Schnittkräfte geht hervor, daß infolge der starken Modulabhängigkeit die installierte Leistung nur beim maximalen Modul, für den die Wälzfräsmaschine ausgelegt ist, voll ausgenutzt werden kann. Daher empfiehlt sich für Maschinen, die in der Massenproduktion für eine einzige Verzahnungsaufgabe eingesetzt werden sollen, eine leistungsmäßige Auslegung nach den zu erwartenden Belastungen.

2. Verschleißuntersuchungen beim Wälzfräsen

Um das Verschleißverhalten von Wälzfräsern gezielt untersuchen zu können, wurden entsprechende Versuche in Zusammenarbeit mit der Industrie unter den Bearbeitungsbedingungen der Massenproduktion durchgeführt. In Abb. 39 ist oben die Verschleißmarkenbreite B am Fräserzahnkopf für verschiedene Stückzahlen verzahnter Räder aufgetragen. Bei den untersuchten Werkzeugen für Getriebeschalträder weist der Fräserzahnkopf eine Kopfrundung auf, so daß der Verschleiß an der Freifläche der einlaufenden Seite in der oben skizzierten Form auftritt. Die Größe des Freiflächenverschleißes bestimmt den erforderlichen Fräsernachschliff und ist damit das entscheidende Verschleißkriterium.

Zur Ermittlung der im Bild dargestellten Verschleißkurve wurde mit unterschiedlichen Shiftsprüngen gearbeitet, so daß pro Fräsereinsatz die unterschiedliche Anzahl gefräster

Räder entstand. Die Kurve zeigt die bekannte Charakteristik mit einem zu Beginn degressiven Anstieg, dem sich ein nahezu lineares Stück anschließt.

Bei weiterer Erhöhung der Stückzahl wird der Anstieg progressiv. In der unteren Kurve ist der Verschleiß auf die gefräste Stückzahl bezogen. Dabei ergibt sich ein ausgeprägtes Minimum und damit eine bestimmte Größe des Shiftsprunges, bei dem die anteiligen Werkzeugkosten minimal werden.

In Abb. 40 ist die Verschleißverteilung über den abgewickelt gedachten Fräserzähnen aufgetragen, wobei mit dem Zählen beim ersten schneidenden Zahn an der Einlaufseite begonnen wird. Die ausgezogene Kurve zeigt die Verschleißverteilung beim Fräsen mit Shiften, die gestrichelte gibt die Verteilung beim Fräsen ohne Shiften an. Beim Fräsen ohne Shiften wird die Schrupparbeit stets von den gleichen Schneiden übernommen, so daß sich ein maximaler Verschleiß bei einigen Fräserzähnen ergibt, der bereits einen Nachschliff erfordert, obwohl andere Fräserzähne nur wenig oder gar nicht beansprucht sind. Bei axialer Fräserverschiebung hingegen kommen bei jedem Arbeitszyklus andere Schneiden in den Bereich der maximalen Beanspruchung, so daß eine große Anzahl Fräserzähne nahezu gleiche Verschleißmarkenbreite aufweist. Im gezeigten Beispiel kann 60% der Fräserlänge voll ausgenutzt werden, während an der Ein- und Auslaufseite Zonen mit geringerem Verschleiß entstehen. An der Einlaufseite ist eine bessere Ausnützung möglich, wenn das Shiften erst in dem Zeitpunkt einsetzt, in dem die ersten schruppenden Zähne ihren zulässigen Verschleiß erreicht haben. Dadurch könnte die ausgezogene Kurve auf der Einlaufseite bis an die gestrichelte herangeführt werden. Allerdings ist dazu ein gewisser Steueraufwand zu betreiben, der den Vorteil der größeren Standmenge eventuell wieder in Frage stellen kann.

Von besonderem Interesse ist der Einfluß der Schnittbedingungen auf den Werkzeugverschleiß. In Abb. 41 ist die Abhängigkeit der Verschleißmarkenbreite B vom Vorschub dargestellt. Oben sind die typischen Verteilungskurven über der Schneidenzahl des Fräsers mit dem Vorschub als Parameter zu sehen, unten der Anstieg der Verschleißwerte bei einer Vergrößerung des Vorschubes. Bei kleinen Vorschüben sind die Spandicken und Schnittkräfte gering, dagegen ist die Anzahl der Anschnitte zur Herstellung eines bestimmten Rades groß. Bei größerem Vorschub steigen die Spanquerschnitte und damit die Schneidenbelastung und -temperatur, dagegen verringert sich die Anzahl der Anschnitte. Der mittlere Verschleißanstieg bei vergrößertem Vorschub ist so gering, daß die durch eine Vorschubvergrößerung erreichte Hauptzeitverkürzung weit stärker ins Gewicht fällt als der nur geringfügig vergrößerte Werkzeugverschleiß. Daraus kann gefolgert werden, daß im untersuchten Bereich eine Vorschubvergrößerung nicht durch den Verschleiß, sondern durch die erreichbare Verzahnungsqualität, insbesondere im Hinblick auf die Vorschubmarkierungen, begrenzt wird.

Im Gegensatz zum Vorschub beeinflußt die Schnittgeschwindigkeit den Werkzeugverschleiß in weit stärkerem Maße. In Abb. 42 ist die Verschleißmarkenbreite in Abhängigkeit von v für die jeweils gleiche Werkstückzähnezahl aufgetragen. Die dargestellte Kurve entspricht der üblichen Verschleiß-Schnittgeschwindigkeits-Kurve bei Schnellarbeitsstahl. Dabei ist der relativ große Verschleiß zwischen 40 und 50 m/min auf die Aufbauschneidenbildung zurückzuführen. Erst bei höherem v erfolgt die Zerspanung im Gebiet des Fließspans mit abnehmender Aufbauschneidenbildung, und der Verschleiß erreicht ein Minimum. Bei weiterer Schnittgeschwindigkeitssteigerung wächst der Verschleiß infolge der wachsenden Schneidentemperatur wieder an. Es ist deshalb zweckmäßig, den Arbeitsbereich in das Gebiet des minimalen Verschleißes zu legen, in dem sich ein Optimum zwischen Fräszeit und erforderlichem Werkzeugnachschliff finden läßt. Es sei allerdings ausdrücklich darauf hingewiesen, daß die dargestellte Kurve exakt nur für den angegebenen Werkstoff und die gewählten Verzahnbedingungen gilt. Bei einer Änderung z. B. von Vorschub oder Modul, insbesondere aber bei anderen Zahnradwerkstoffen, ergibt sich zwar eine ähnliche Kurve, die jedoch sowohl in der Größe der Verschleißmarkenbreite als auch in der Zuordnung von Maximum und Minimum zur Schnittgeschwindigkeit von der in Abb. 42 gezeigten abweichen kann. Durch weitere Verschleißuntersuchungen sollen diese Zusammenhänge geklärt werden.

3. Literaturverzeichnis

[1] EGGERT, W., Über die Messung der Vorschubgenauigkeit von Werkzeugmaschinen, insbesondere Verzahnmaschinen. Dissertation, TH Aachen 1964.
[2] FELTKAMP, K., Untersuchungen über den Einfluß von Fertigungsfehlern und Zahnfußausrundungen auf die Zahnfußbeanspruchung und die Tragfähigkeit gehärteter Stirnräder. Dissertation, TH Aachen 1967.
[3] DAS GUPTA, A., Untersuchung der Vorgänge beim Gegenlauffräsen geradlinig begrenzter Profile mit Formwerkzeugen. Dissertation, TH Darmstadt 1962.
[4] HOCHE, F., Schnittkraft beim Wälzfräsen. Fertigungstechnik und Betrieb 15 (1965), Heft 3, S. 152–156.
[5] HOPPEN, J., Die Einflankenwälzprüfung von Zahnrädern und Getrieben mit seismischen Drehschwingungsaufnehmern. Dissertation, TH Aachen 1963.
[6] DE JONG, H., Der Einfluß der Wälzgenauigkeit von Verzahnmaschinen auf die Fertigungsgenauigkeit und das Laufverhalten von Stirnradgetrieben. Dissertation, TH Aachen 1961.
[7] KÄMPF-KREISEL, Berechnung und Herstellung von Zahnrädern. Fachbuchverlag Leipzig 1956.
[8] KALKERT, W., Untersuchungen über den Einfluß der Fertigungsgenauigkeit auf den Zahnkraftverlauf und die Flankentragfähigkeit ungehärteter Stirnräder. Dissertation, TH Aachen 1962.
[9] KIENZLE, O., und H. VIKTOR, Spezifische Schnittkraft bei der Metallbearbeitung. Werkstattstechnik und Maschinenbau 47 (1957), Heft 5, S. 224/225.
[10] KOLEV, K. C., Bestimmung der Schnittkräfte und Vorschübe beim Verzahnen unter Berücksichtigung der vorgegebenen Fertigungsgenauigkeit. Vestnik masinostroenija 46 (1966), Nr. 5, S. 60–64.
[11] KRONENBERG, M., Grundzüge der Zerspanungslehre, Band 1 und 2. Verlag Springer, Berlin–Göttingen–Heidelberg 1963.
[12] LINDNER, W., Zahnräder, Band 1 und 2. Verlag Springer, Berlin–Göttingen–Heidelberg 1954.
[13] MEYER, K. F., Vorschub- und Rückkräfte beim Drehen mit Hartmetallwerkzeugen. Dissertation, TH Aachen 1963.
[14] NEKRASOV, S. S., Zahnradfräsen mit mehrgängigen Wälzfräsern mit vergrößertem Durchmesser, Vestnik masinostroenija 46 (1966), Nr. 6, S. 70–73.
[15] OPITZ, H., und R. THÄMER, Verschleiß- und Schnittkraftuntersuchungen bei der Zahnradbearbeitung. Forschungsbericht des Landes Nordrhein-Westfalen Nr. 1097, 1962.
[16] OPITZ, W., Untersuchung der Hauptschnittkräfte an Formwerkzeugen beim Einstechdrehen. Dissertation, TH Aachen 1958.
[17] ROEHLKE, G., Zur Mechanik des Zerspanvorganges. Werkstatt und Betrieb 91 (1958), Heft 8, S. 473–484.
[18] STREMPEL, H., Ein Beitrag zur Darstellung der Schnitt- und Drängkräfte beim Wälzfräsen und Drehen. Dissertation, TU Dresden 1963.

[19] TRIER, H., Die Zahnformen der Zahnräder. Werkstattbücher, Heft 47, Verlag Springer, Berlin–Göttingen–Heidelberg 1949.
[20] VIEREGGE, G., Zerspanung der Eisenwerkstoffe. Verlag Stahleisen GmbH, Düsseldorf 1959.
[21] WEILENMANN, R., Beitrag zur Berechnung des Leistungsbedarfs beim Fräsen. Werkstatt und Betrieb 90 (1957), Heft 5, S. 296–298. Vereinfachte Berechnung von Fräsleistungen. Werkstatt und Betrieb 93 (1960), Heft 7, S. 451 f.
[22] SLAVICEK, J., Stability of Hobbing Machines. Vortrag auf der 7th International M.T.D.R. Conference, Sept. 1966, University of Birmingham.
[23] Hob Handbook. Barber-Colman Comp. Rockford. Illinois 1954.
[24] Machining Data Handbook. Metcut Research Associates Inc. Cincinnati, Ohio 1966.
[25] ZIEGLER, K., Untersuchung der Hauptschnittkraft beim Wälzfräsen von Stirnrädern. Dissertation, TH Aachen 1967.

Normen

DIN 867   Zahnform für Stirnräder
DIN 3972   Bezugsprofil von Verzahnungswerkzeugen
DIN 8002   Wälzfräser für Stirnräder

Anhang

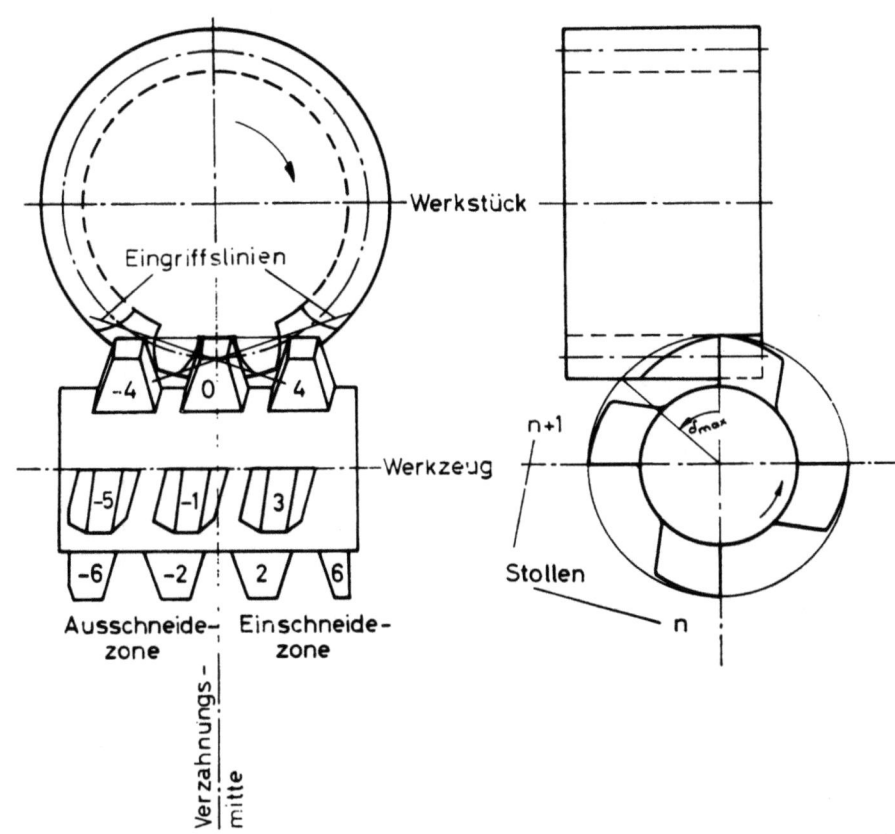

Abb. 1   Bezeichnungen an der Paarung Fräser–Zahnrad

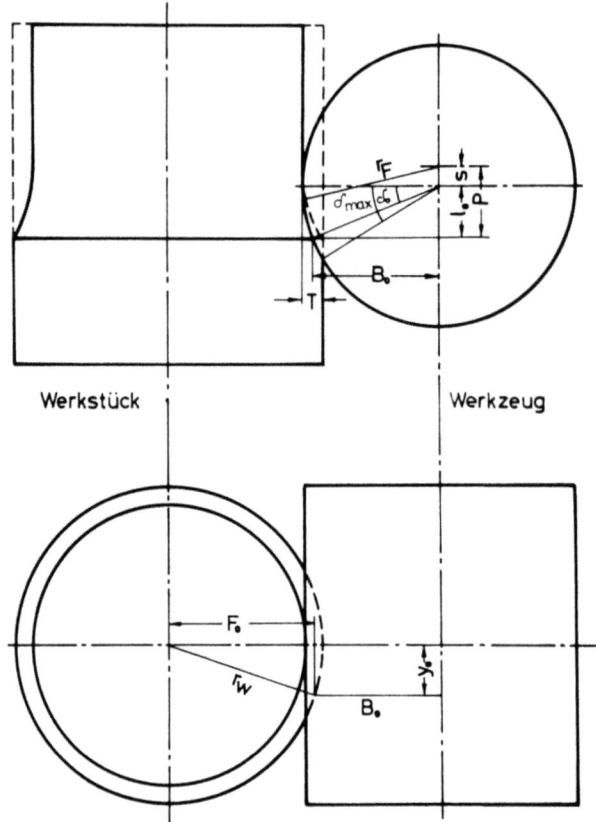

Abb. 2   Ermittlung des Fräsbeginns und der Schneidwinkel

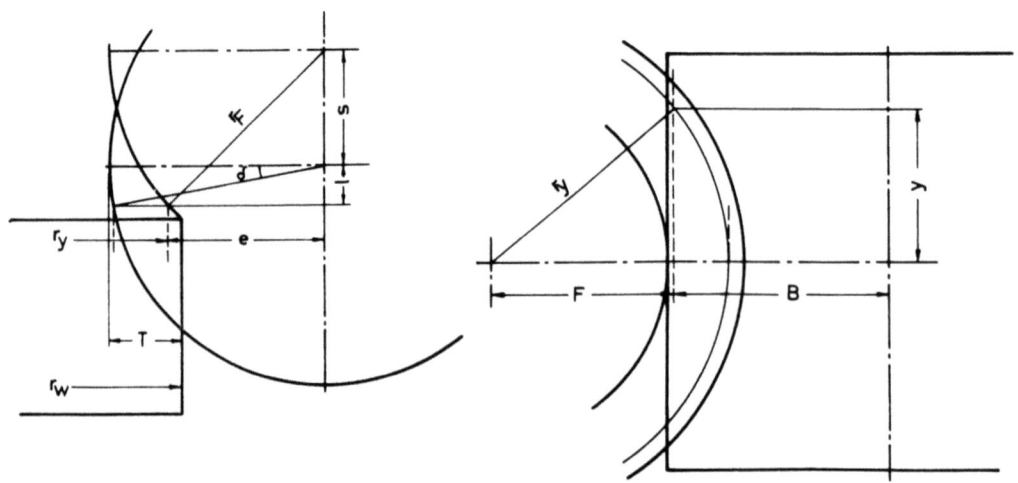

Abb. 3   Ermittlung des Kopfradius r_y für $\delta < \delta_0$

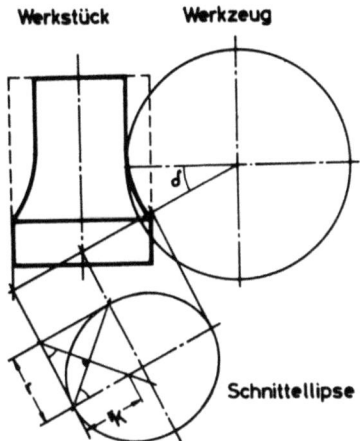

Abb. 4 Bestimmung des Ersatzkreisradius r_K für $\delta > 0°$

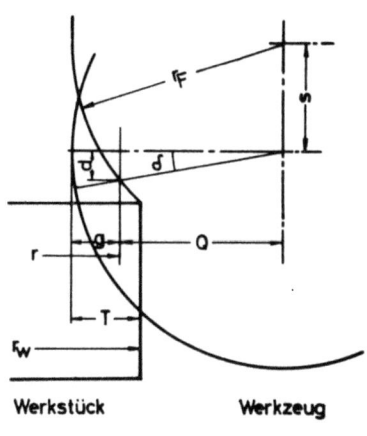

Abb. 5 Ermittlung des Kopfradius r für $\delta < \delta_0$

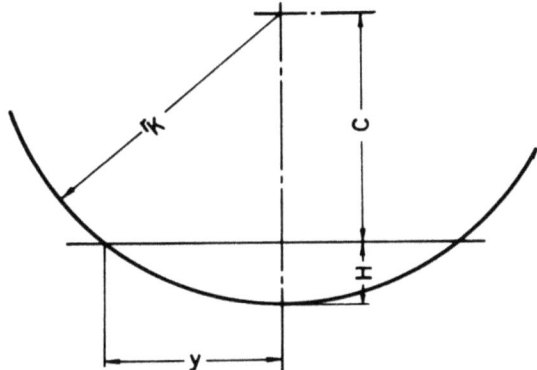

Abb. 6 Ermittlung der Eindringtiefe H in das Werkstück

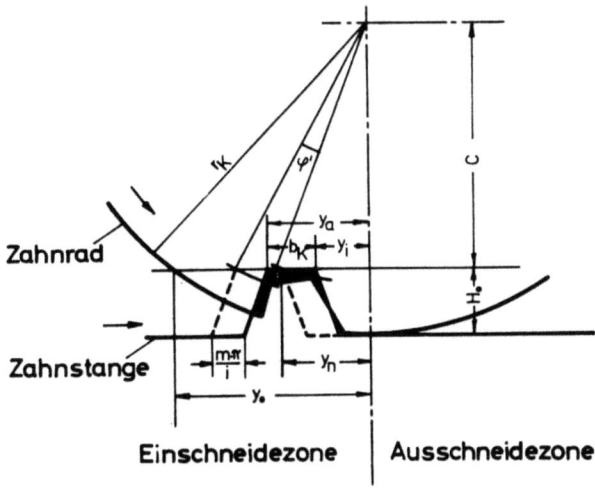

Abb. 7 Bezeichnungen beim Eingriff des Fräserstollens in das Zahnrad

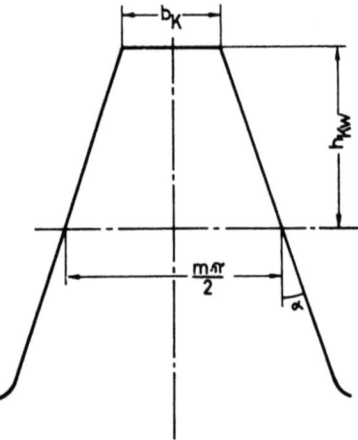

Abb. 8 Kopfbreite b_K am Fräserzahnprofil

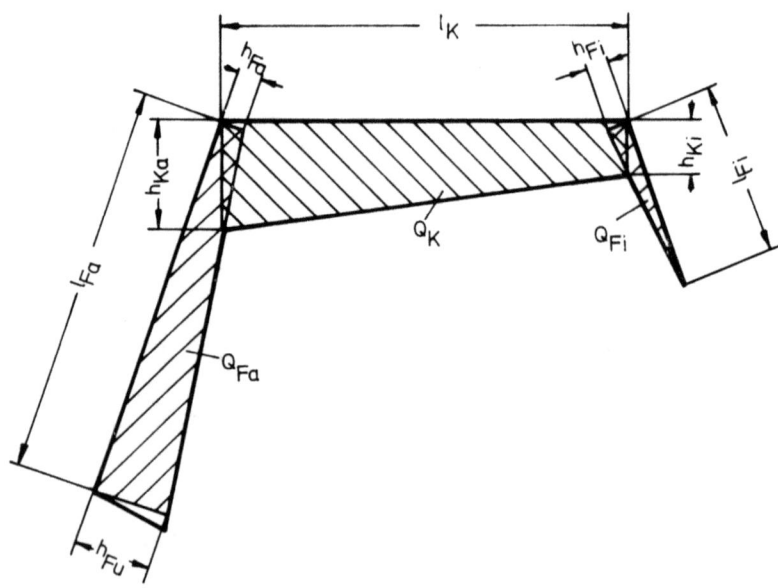

Abb. 9 Bezeichnungen am Spanungsquerschnitt

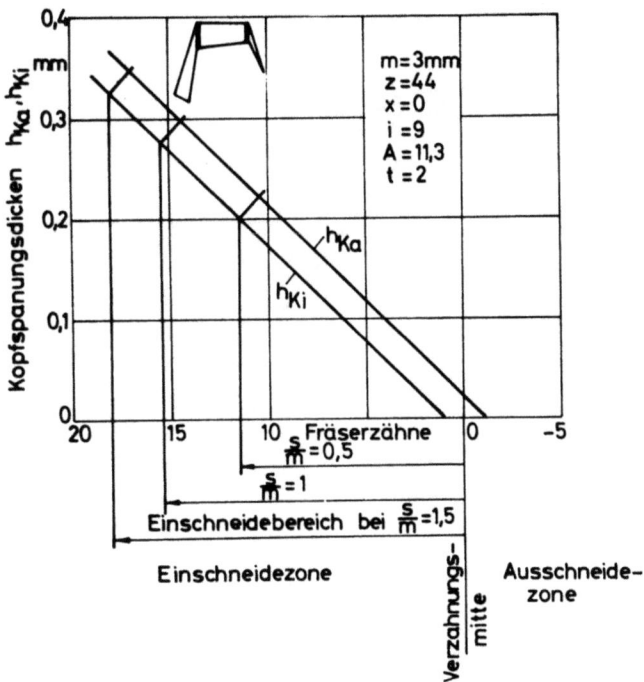

Abb. 10 Abhängigkeit der Kopfspanungsdicken h_{Ka}, h_{Ki} vom Abstand zur Verzahnungsmitte bei verschiedenen Vorschüben

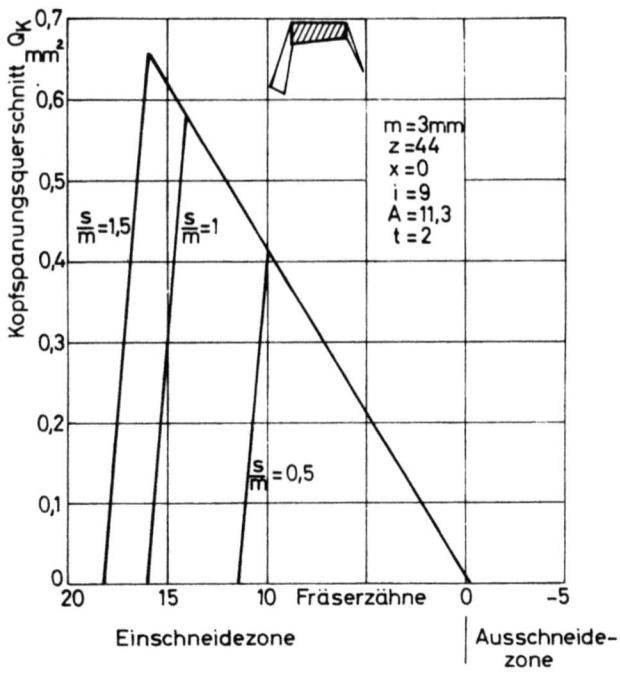

Abb. 11 Kopfspanungsquerschnitt Q_K bei verschiedenen Vorschüben

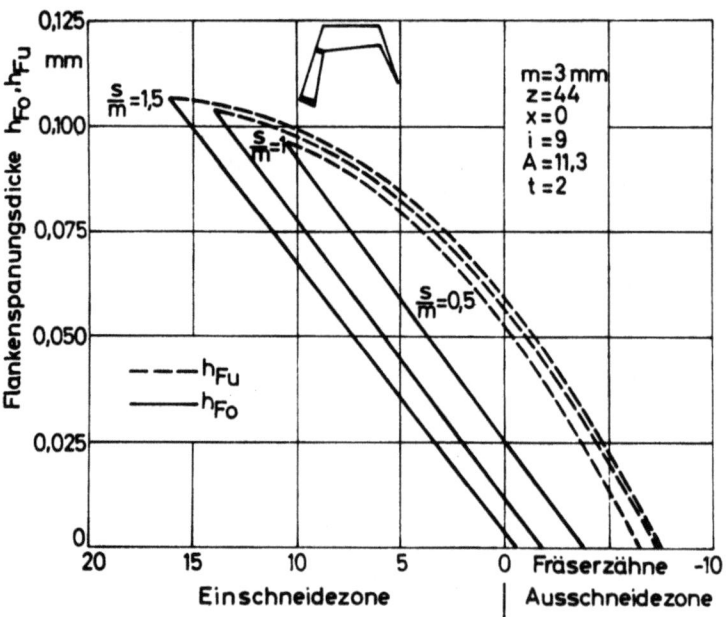

Abb. 12 Flankenspanungsdicken h_{Fo}, h_{Fu} bei verschiedenen Vorschüben

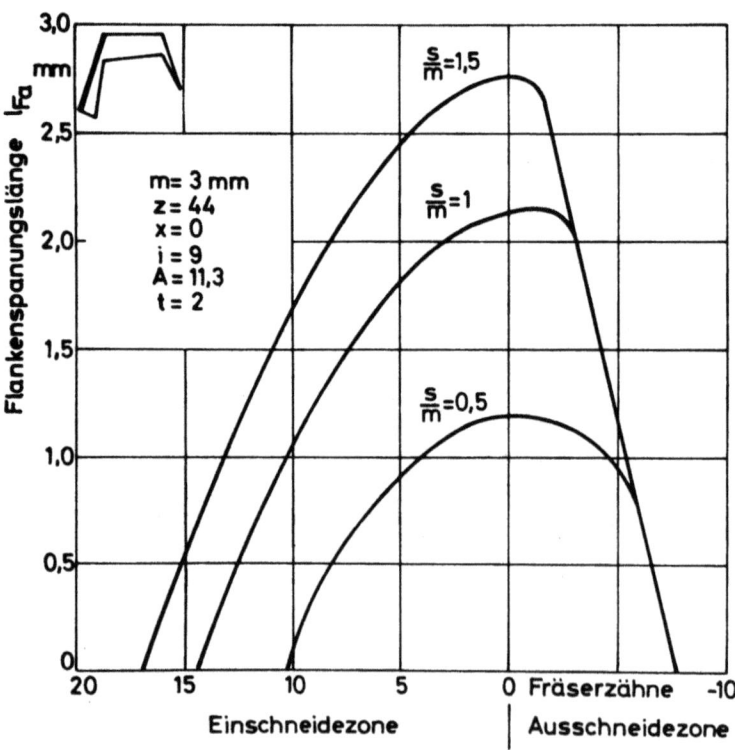

Abb. 13 Einfluß des Vorschubes auf die Flankenspanungslänge l_{Fa}

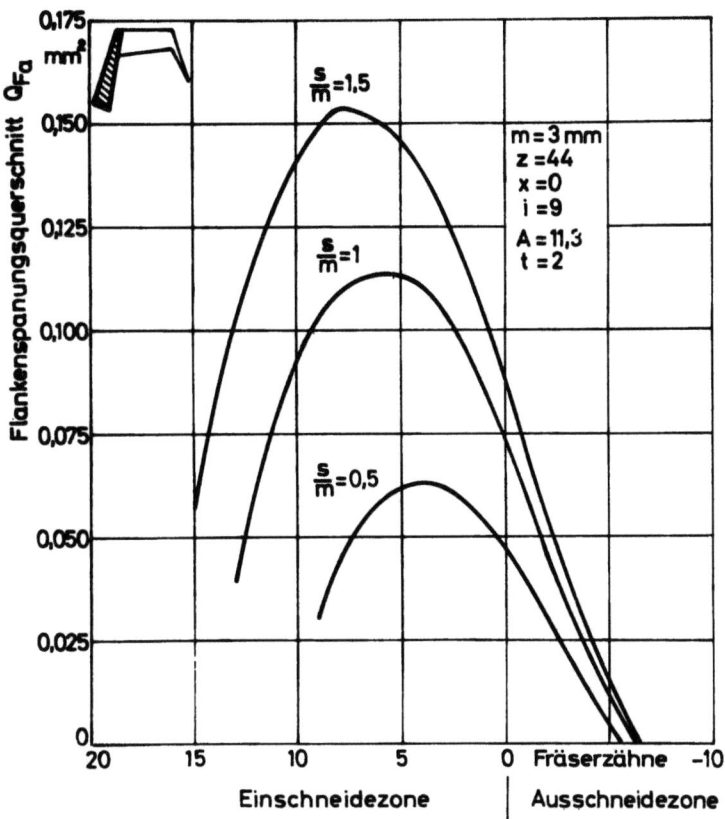

Abb. 14 Flankenspanungsquerschnitt Q_{Fa} bei verschiedenen Vorschüben

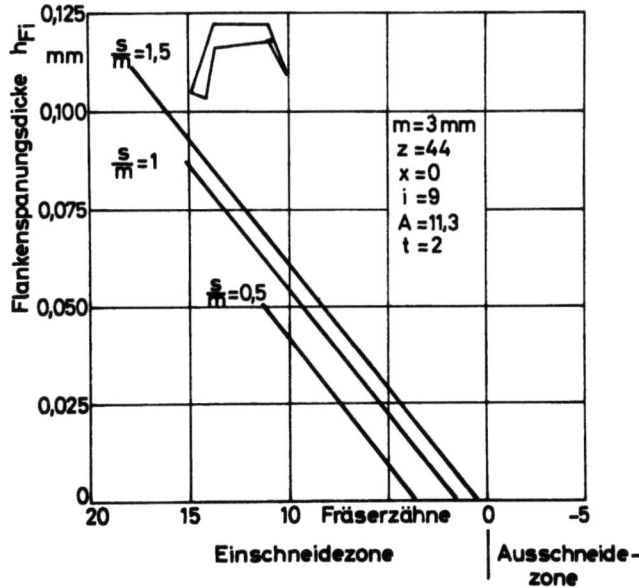

Abb. 15 Flankenspanungsdicke h_{Fi} bei verschiedenen Vorschüben

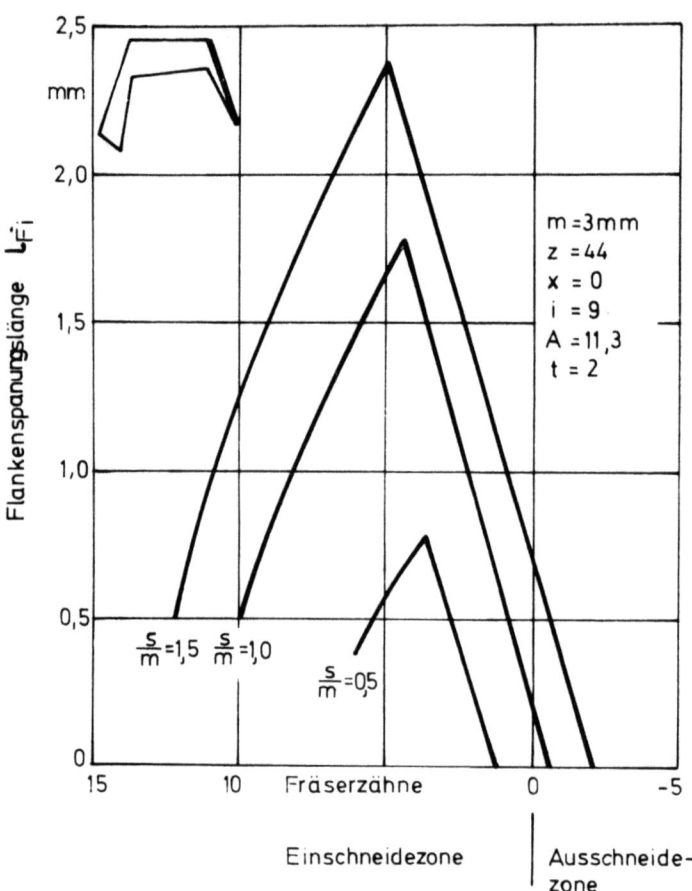

Abb. 16 Einfluß des Vorschubes auf die Flankenspanungslänge l_{Fi}

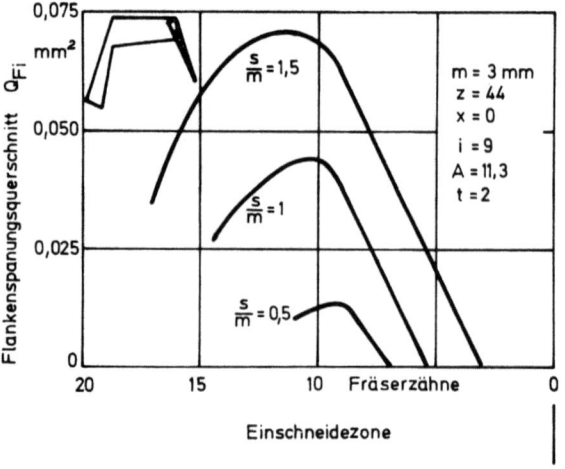

Abb. 17 Flankenspanungsquerschnitt Q_{Fi} bei verschiedenen Vorschüben

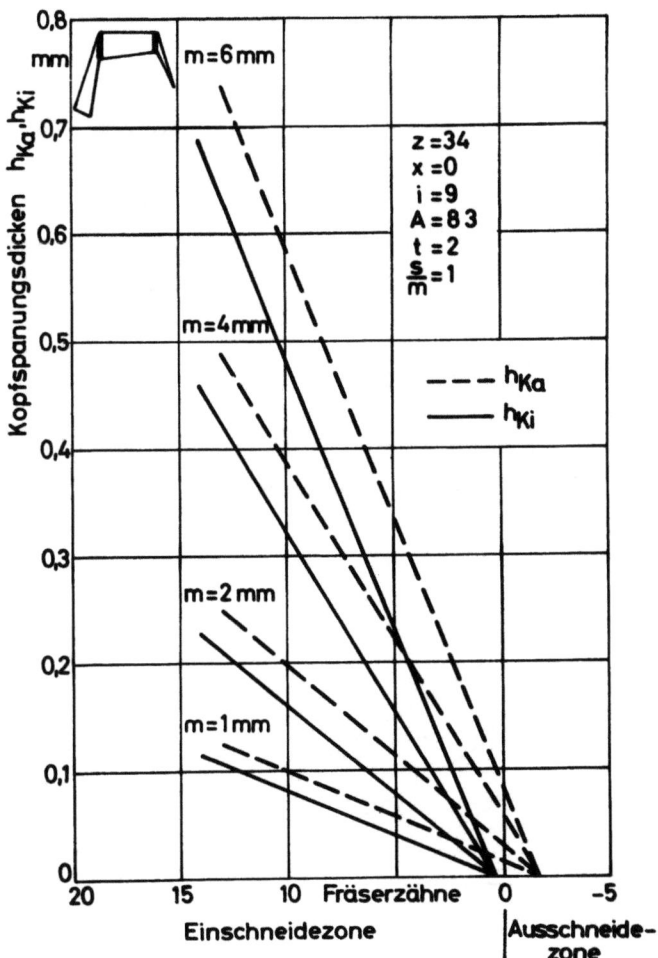

Abb. 18 Kopfspanungsdicken h_{Ka}, h_{Ki} bei verschiedenen Moduln

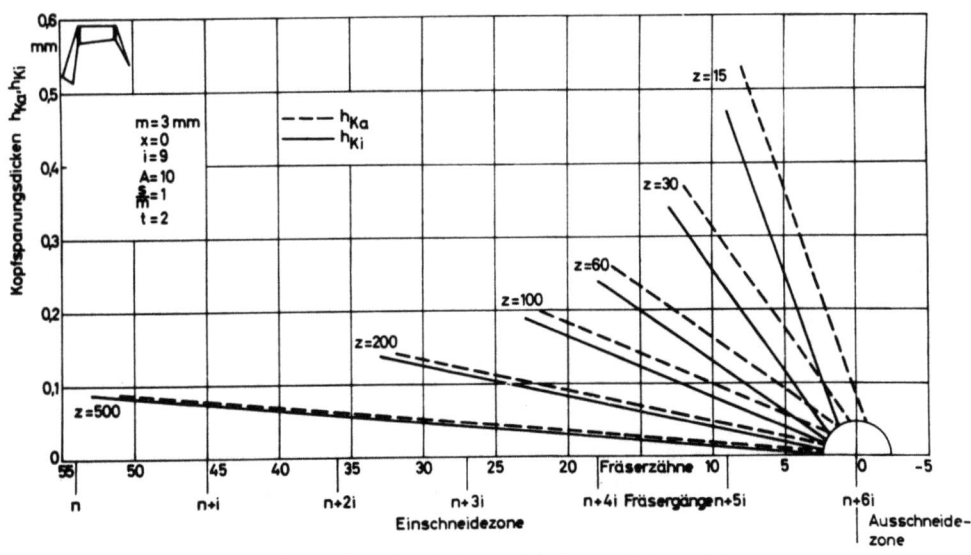

Abb. 19 Kopfspanungsdicken h_{Ka}, h_{Ki} bei verschiedenen Zähnezahlen

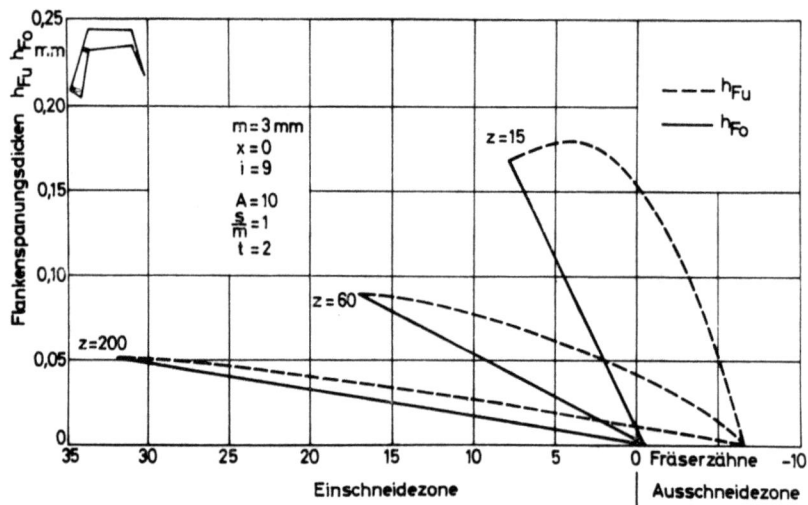

Abb. 20 Flankenspanungsdicken h_{Fu}, h_{Fo} bei verschiedenen Zähnezahlen

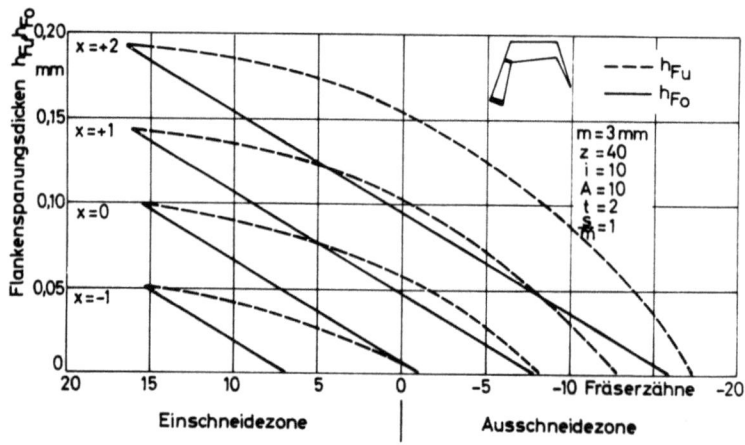

Abb. 21 Flankenspanungsdicken h_{Fu}, h_{Fo} bei verschiedenen Profilverschiebungen

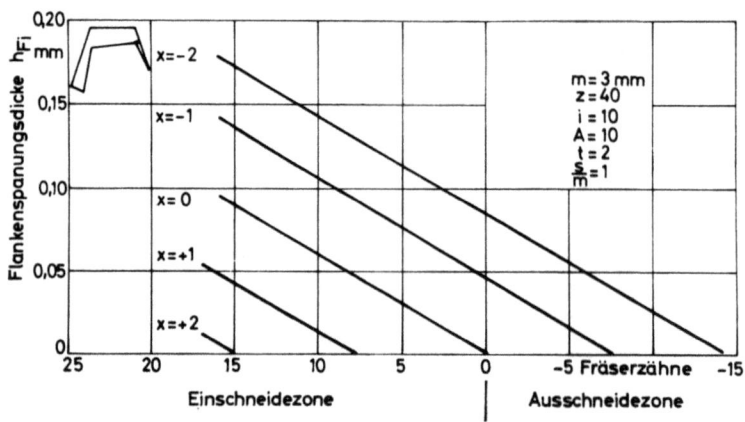

Abb. 22 Flankenspanungsdicke h_{Fi} bei verschiedenen Profilverschiebungen

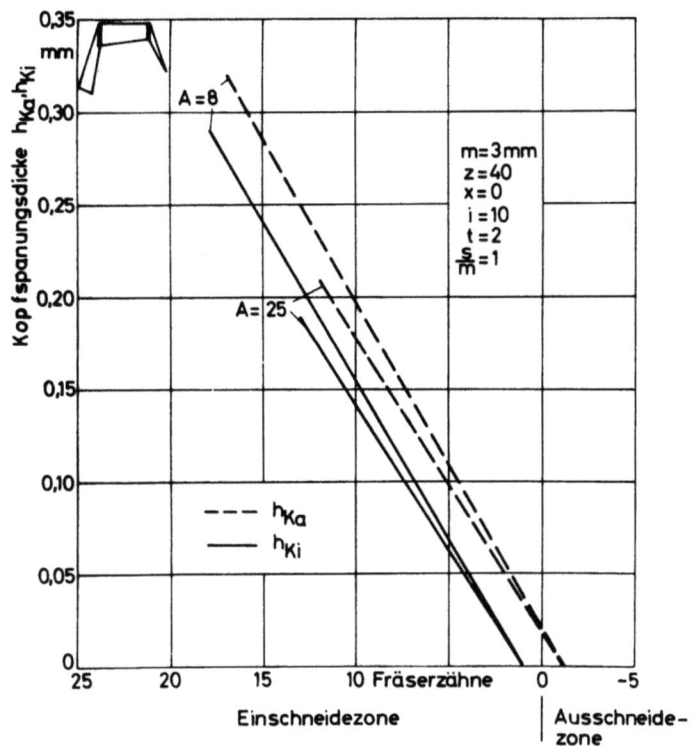

Abb. 23   Kopfspanungsdicken bei verschiedenen Fräserradien $A \cdot m$

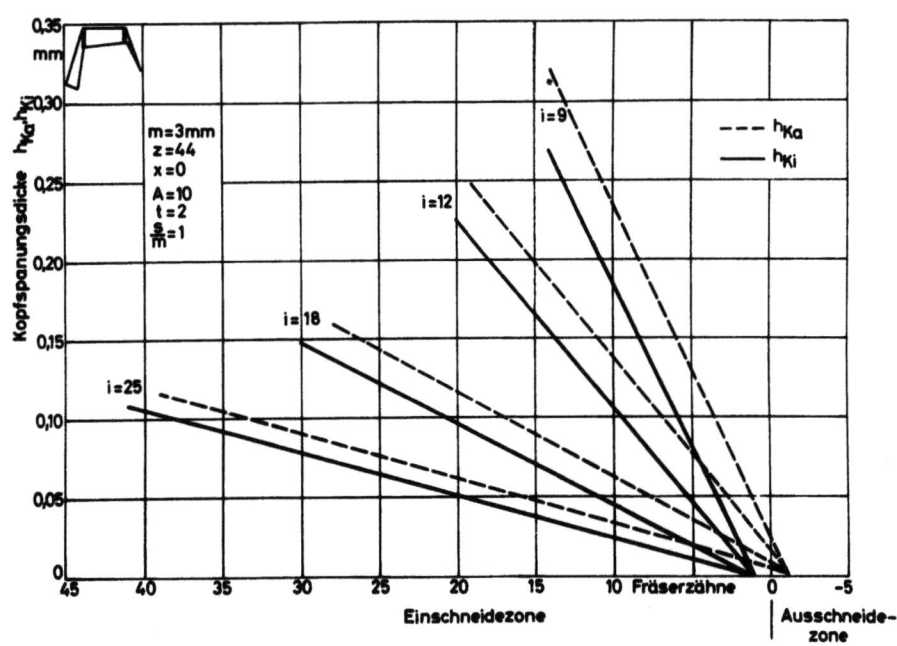

Abb. 24   Einfluß der Fräserstollenzahl i auf die Kopfspanungsdicken

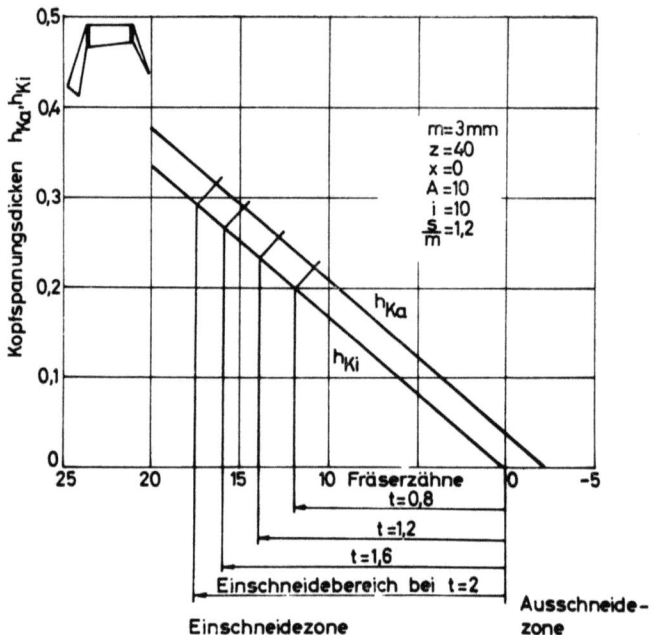

Abb. 25 Kopfspanungsdicken bei verschiedenen Zustellfaktoren

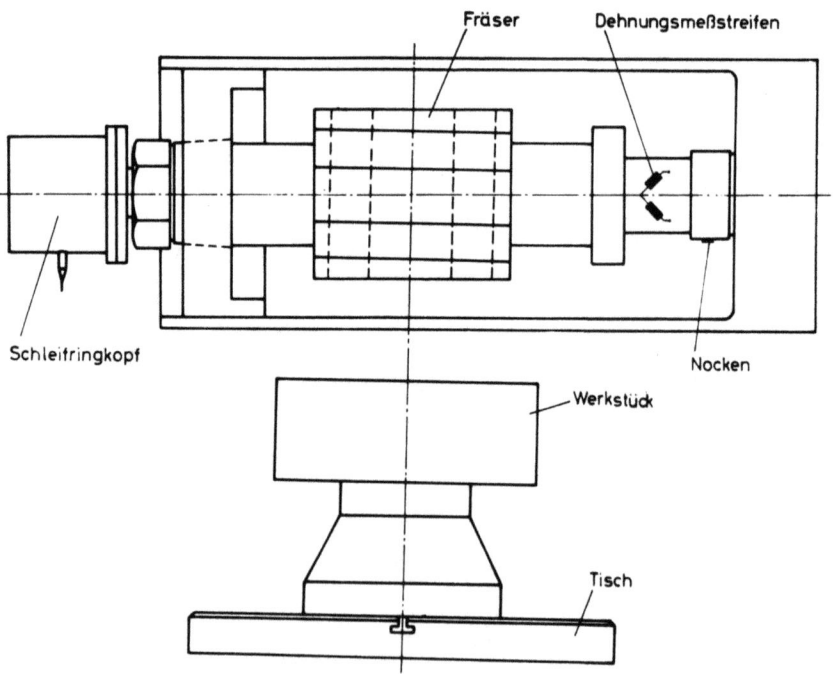

Abb. 26 Meßanordnung für die Messung der Schnittkräfte beim Wälzfräsen

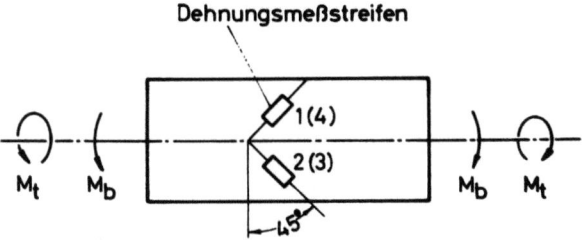
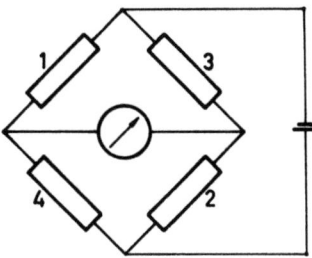

Abb. 27 Dehnungsmeßstreifen-Vollbrücke zur Messung der Torsionsbeanspruchung

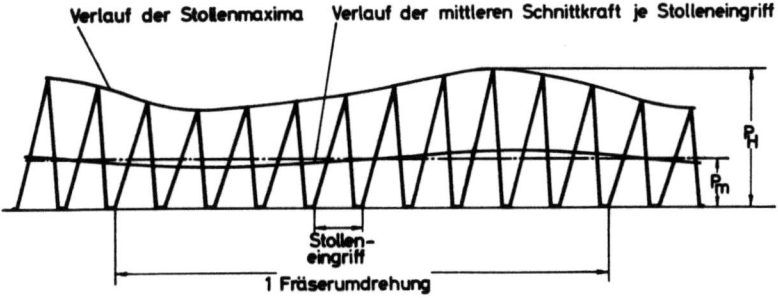

Abb. 28 Prinzipielle Darstellung des Schnittkraftverlaufes beim Wälzfräsen

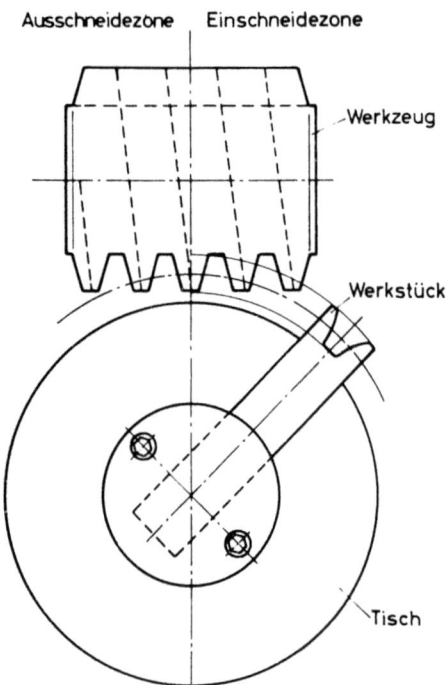

Abb. 29 Verzahnen eines Werkstückes mit nur einer Zahnlücke

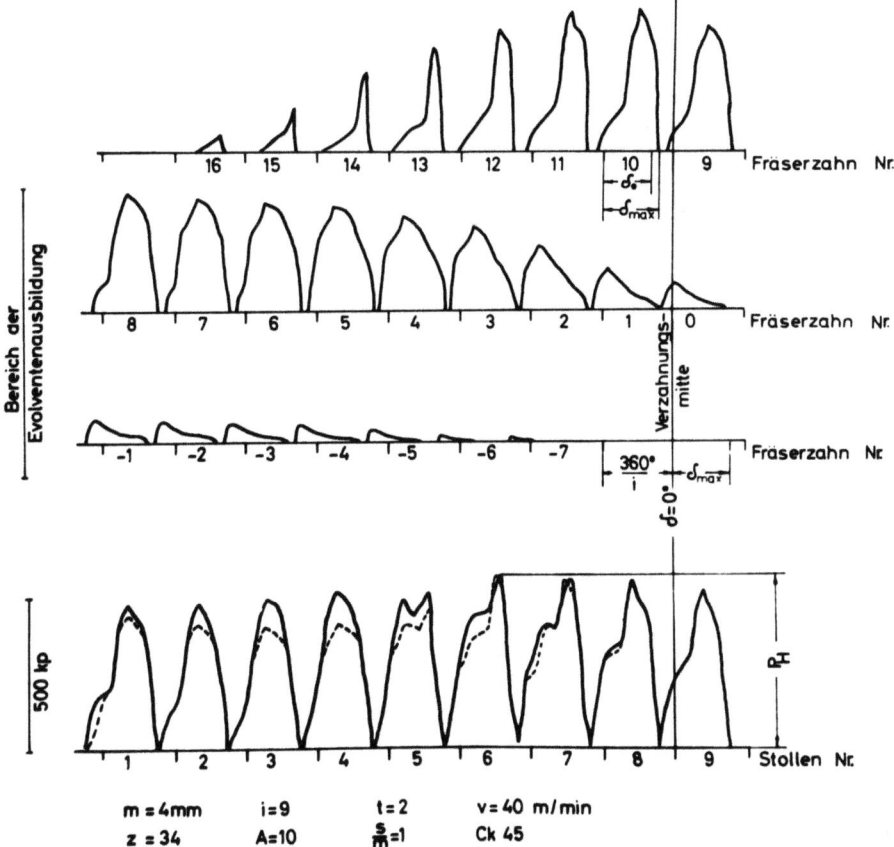

Abb. 30 Gemessene Hauptschnittkraft beim Wälzfräsen eines Einzahnlücken-Werkstückes und eines Zahnrades gleicher Abmessungen

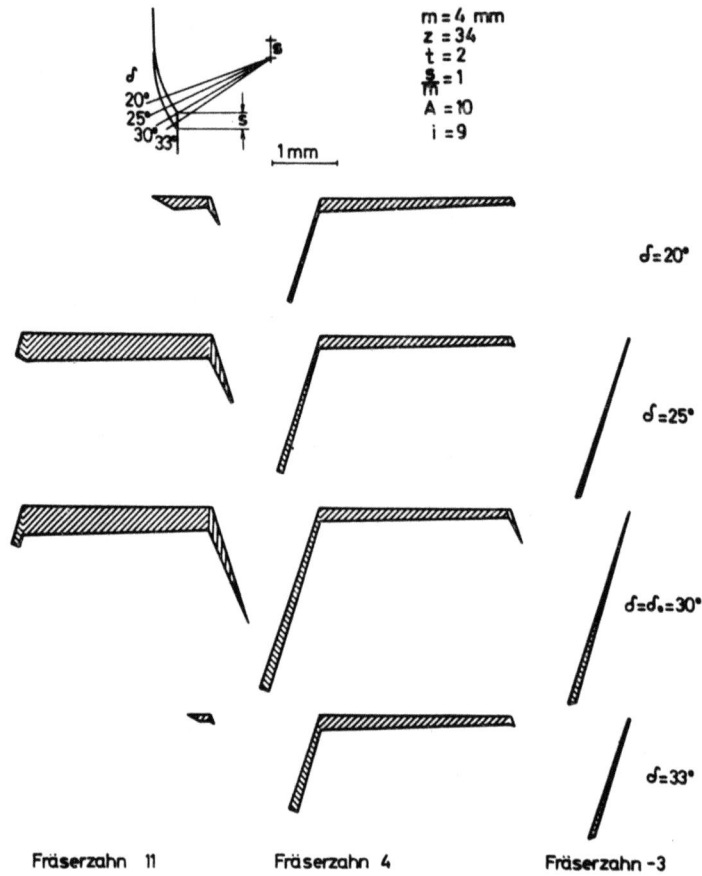

Abb. 31 Spanformen an verschiedenen Fräserzähnen bei unterschiedlichen Schneidwinkeln

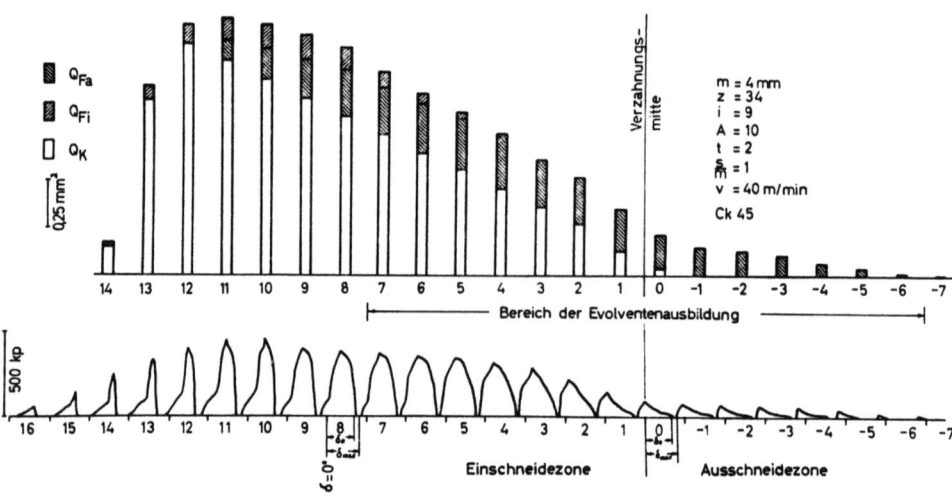

Abb. 32 Spanungsquerschnitte und Schnittkräfte an den Fräserzähnen beim Verzahnen eines Zahnrades mit $m = 4$ mm und $z = 34$

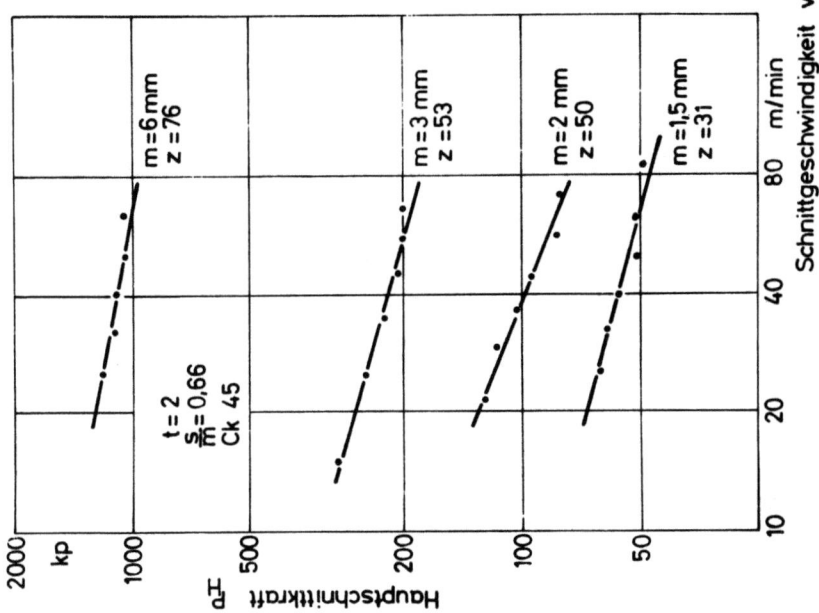

Abb. 34 Hauptschnittkraft P_H bei verschiedenen Schnittgeschwindigkeiten

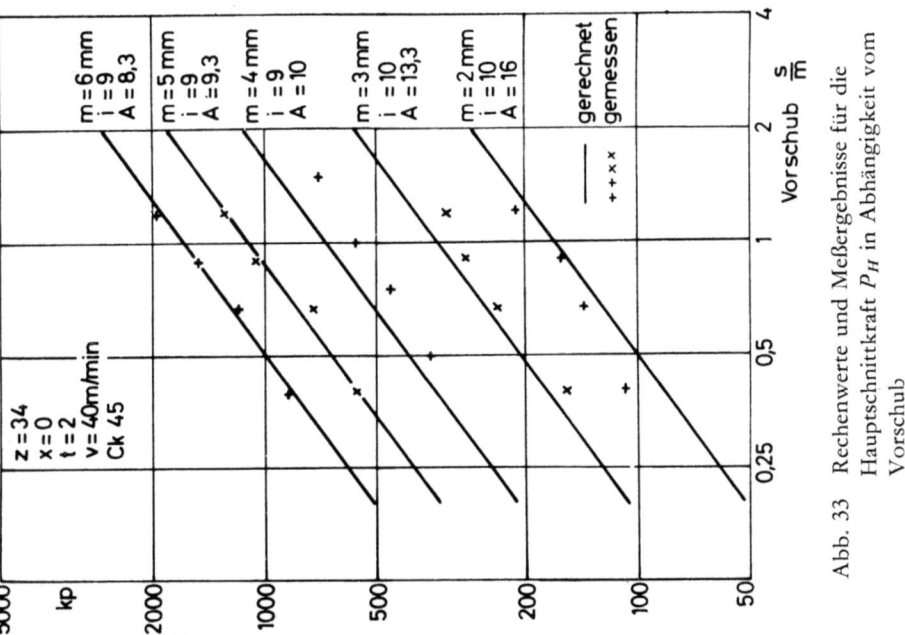

Abb. 33 Rechenwerte und Meßergebnisse für die Hauptschnittkraft P_H in Abhängigkeit vom Vorschub

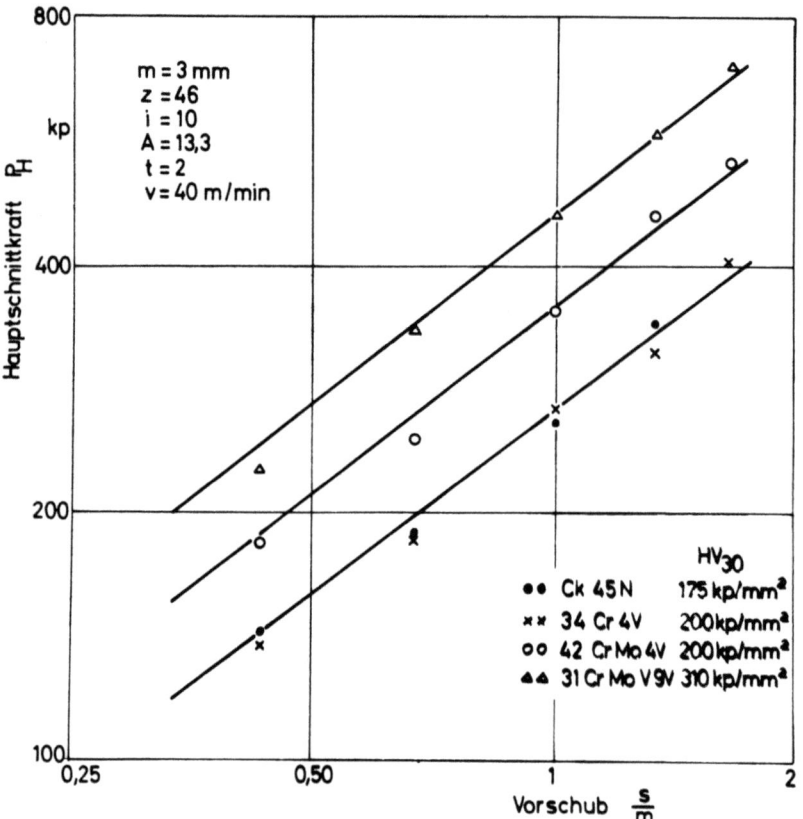

Abb. 35 Hauptschnittkraft P_H bei verschiedenen Zahnradwerkstoffen

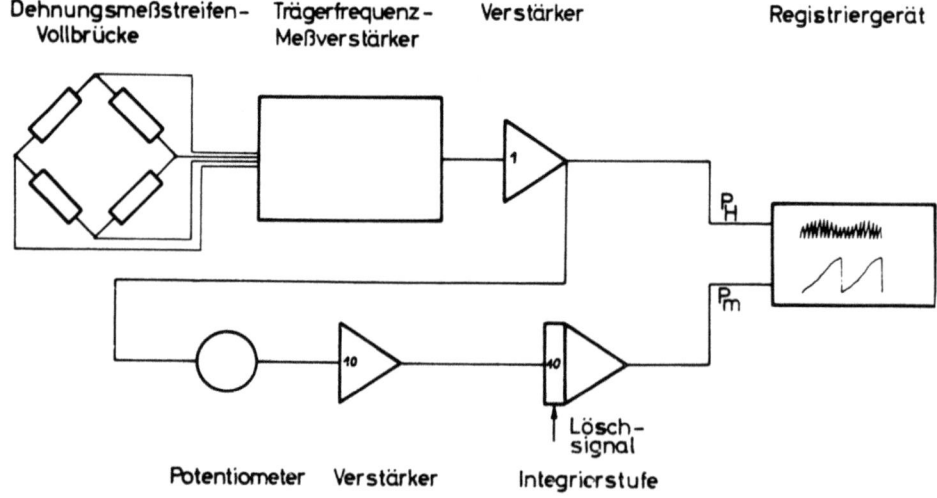

Abb. 36 Schaltbild zur Erfassung der mittleren Hauptschnittkraft P_m

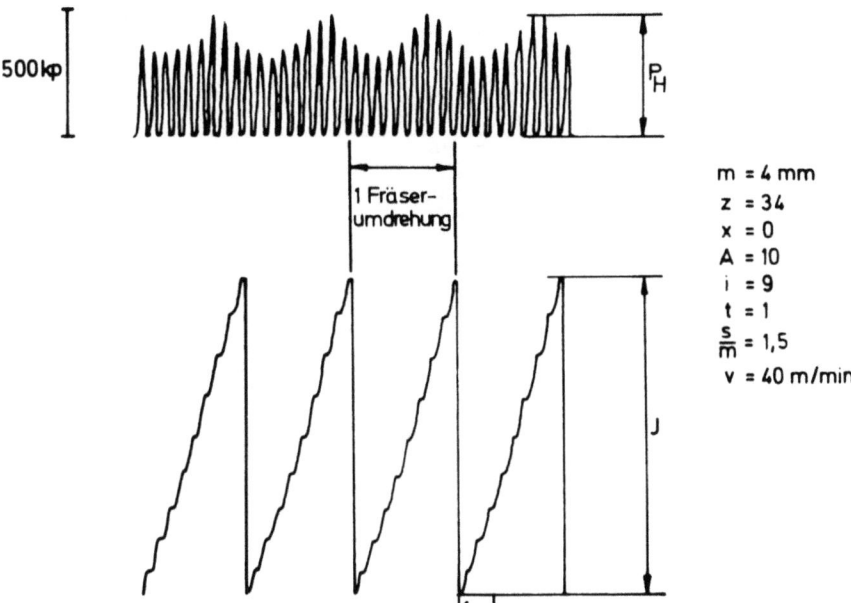

Abb. 37 Verlauf der Schnittkraft und der Schnittkraftintegration

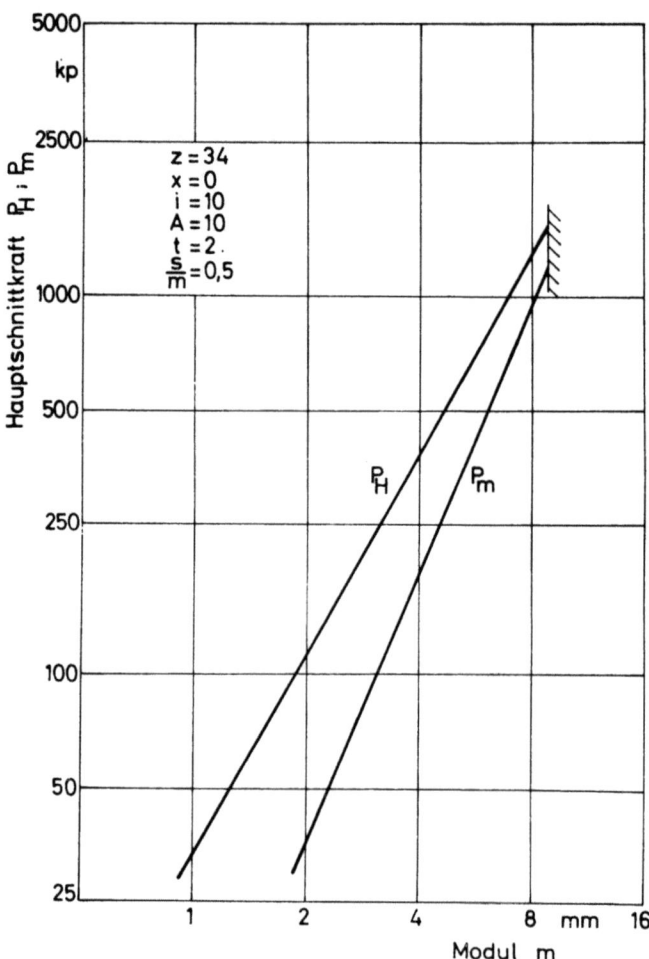

Abb. 38 Maximale Hauptschnittkraft P_H und mittlere Hauptschnittkraft P_m

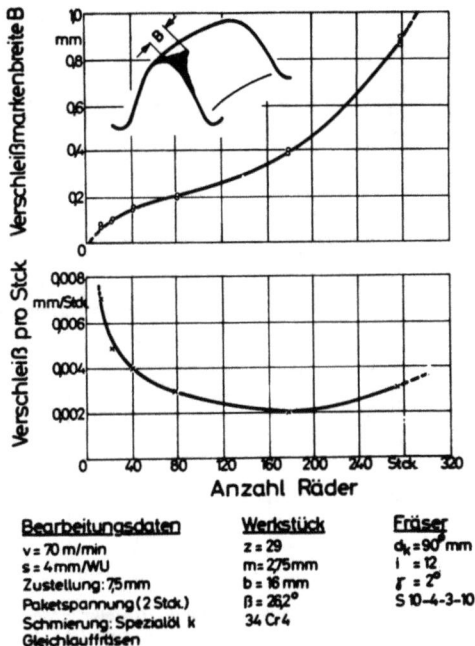

Abb. 39 Freiflächenverschleiß in Abhängigkeit von der Stückzahl

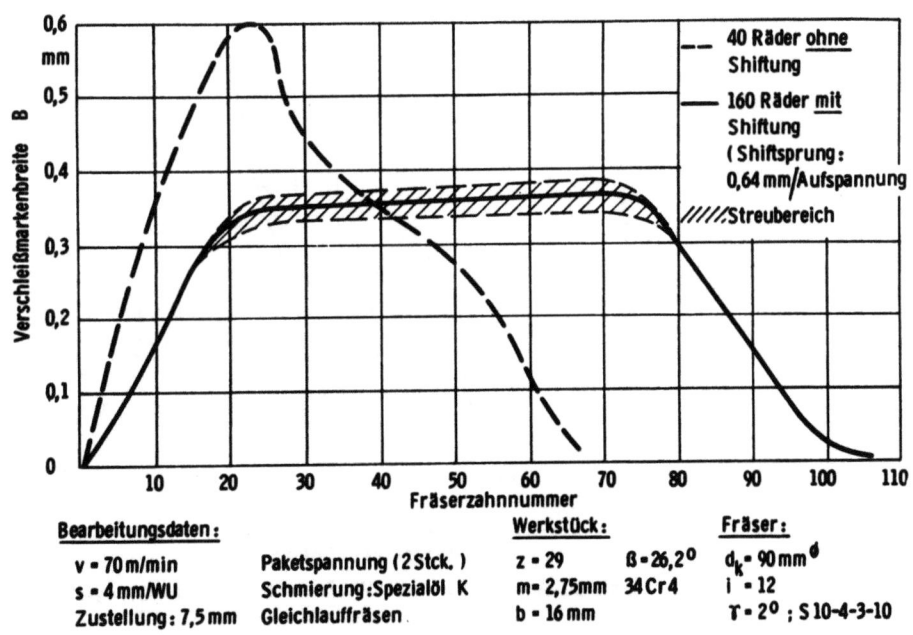

Abb. 40 Verschleißmarkenbreite beim Wälzfräsen mit und ohne Shiftung

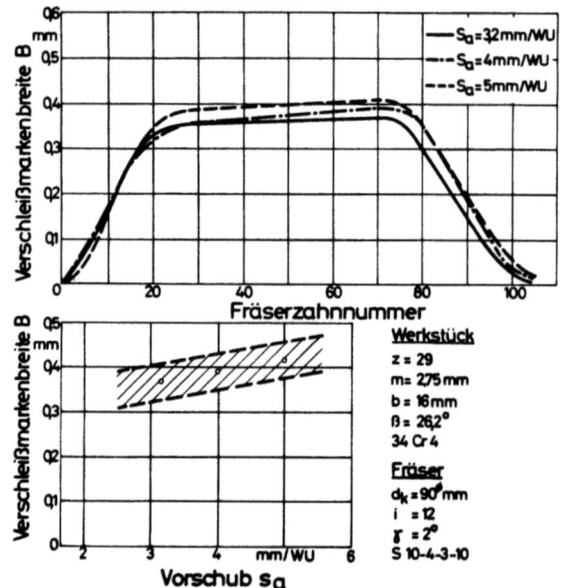

Abb. 41 Verschleißmarkenbreite in Abhängigkeit vom Vorschub

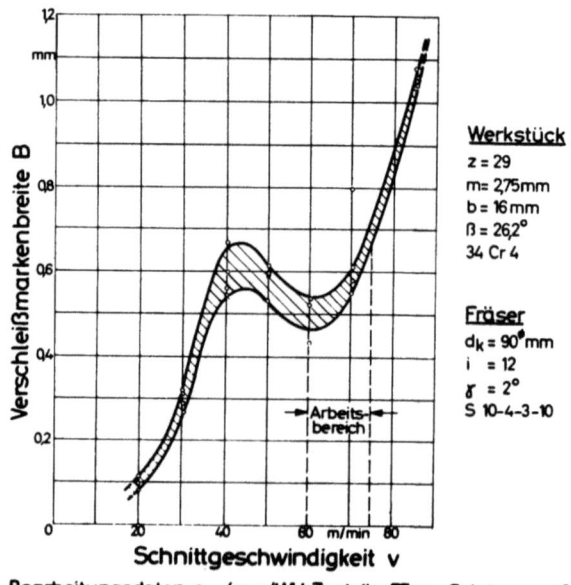

Abb. 42 Einfluß der Schnittgeschwindigkeit auf den Verschleiß

Forschungsberichte des Landes Nordrhein-Westfalen

Herausgegeben im Auftrage des Ministerpräsidenten Heinz Kühn
von Staatssekretär Professor Dr. h. c. Dr. E. h. Leo Brandt

Sachgruppenverzeichnis

Acetylen · Schweißtechnik
Acetylene · Welding gracitice
Acétylène · Technique du soudage
Acetileno · Técnica de la soldadura
Ацетилен и техника сварки

Arbeitswissenschaft
Labor science
Science du travail
Trabajo científico
Вопросы трудового процесса

Bau · Steine · Erden
Constructure · Construction material ·
Soil research
Construction · Matériaux de construction ·
Recherche souterraine
La construcción · Materiales de construcción ·
Reconocimiento del suelo
Строительство и строительные материалы

Bergbau
Mining
Exploitation des mines
Minería
Горное дело

Biologie
Biology
Biologie
Biologia
Биология

Chemie
Chemistry
Chimie
Quimica
Химия

Druck · Farbe · Papier · Photographie
Printing · Color · Paper · Photography
Imprimerie · Couleur · Papier · Photographie
Artes gráficas · Color · Papel · Fotografía
Типография · Краски · Бумага · Фотография

Eisenverarbeitende Industrie
Metal working industry
Industrie du fer
Industria del hierro
Металлообрабатывающая промышленность

Elektrotechnik · Optik
Electrotechnology · Optics
Electrotechnique · Optique
Electrotécnica · Optica
Электротехника и оптика

Energiewirtschaft
Power economy
Energie
Energía
Энергетическое хозяйство

Fahrzeugbau · Gasmotoren
Vehicle construction · Engines
Construction de véhicules · Moteurs
Construcción de vehículos · Motores
Производство транспортных · Средств

Fertigung
Fabrication
Fabrication
Fabricación
Производство

Funktechnik · Astronomie
Radio engineering · Astronomy
Radiotechnique Astronomie
Radiotécnica · Astronomía
Радиотехника и астрономия

Gaswirtschaft
Gas economy
Gaz
Gas
Газовое хозяйство

Holzbearbeitung
Wood working
Travail du bois
Trabajo de la madera
Деревообработка

Hüttenwesen · Werkstoffkunde
Metallurgy · Materials research
Métallurgie · Matériaux
Metalurgia · Materiales
Металлургия и материаловедение

Kunststoffe
Plastics
Plastiques
Plásticos
Пластмассы

Luftfahrt · Flugwissenschaft
Aeronautics · Aviation
Aéronautique · Aviation
Aeronáutica · Aviación
Авиация

Luftreinhaltung
Air-cleaning
Purification de l'air
Purificación del aire
Очищение воздуха

Maschinenbau
Machinery
Construction mécanique
Construcción de máquinas
Машиностроительство

Mathematik
Mathematics
Mathématiques
Mathemáticas
Математика

Medizin · Pharmakologie
Medicine · Pharmacology
Médecine · Pharmacologie
Medicina · Farmacología
Медицина и фармакология

NE-Metalle
Non-ferrous metal
Metal non ferreux
Metal no ferroso
Цветные металлы

Physik
Physics
Physique
Física
Физика

Rationalisierung
Rationalizing
Rationalisation
Racionalización
Рационализация

Schall · Ultraschall
Sound · Ultrasonics
Son · Ultra-son
Sonido · Ultrasónico
Звук и ультразвук

Schiffahrt
Navigation
Navigation
Navegación
Судоходство

Textilforschung
Textile research
Textiles
Textil
Вопросы текстильной промышленности

Turbinen
Turbines
Turbines
Turbinas
Турбины

Verkehr
Traffic
Trafic
Tráfico
Транспорт

Wirtschaftswissenschaften
Political economy
Economie politique
Ciencias económicas
Экономические науки

Einzelverzeichnis der Sachgruppen bitte anfordern

Westdeutscher Verlag · Köln und Opladen
567 Opladen/Rhld., Ophovener Straße 1–3, Postfach 1620

MIX
Papier aus verantwortungsvollen Quellen
Paper from responsible sources
FSC® C105338

If you have any concerns about our products,
you can contact us on
ProductSafety@springernature.com

In case Publisher is established outside the EU,
the EU authorized representative is:
Springer Nature Customer Service Center GmbH
Europaplatz 3, 69115 Heidelberg, Germany

Printed by Libri Plureos GmbH
in Hamburg, Germany